集刊

集人文社科之思 刊专业学术之声

集 刊 名：环境社会学
主　　编：陈阿江
副 主 编：陈　涛
主办单位：河海大学环境与社会研究中心
河海大学社会科学研究院
中国社会学会环境社会学专业委员会

ENVIRONMENTAL SOCIOLOGY RESEARCH Vol.1 No.2 2022

投稿邮箱：hjshxjk@163.com

2022年秋季号（总第2辑）

集刊序列号：PIJ-2021-436
中国集刊网：www.jikan.com.cn
集刊投约稿平台：www.iedol.cn

环境社会学

ENVIRONMENTAL
SOCIOLOGY
RESEARCH

Vol.1 No.2 2022

2022年秋季号（总第2辑）

陈阿江 主编

社会科学文献出版社
SOCIAL SCIENCES ACADEMIC PRESS (CHINA)

河海大学中央高校基本科研业务费“《环境社会学》（集刊）编辑与出版”（B210207037）
“十四五”江苏省重点学科河海大学社会学学科建设经费

环境社会学
2022 年秋季号（总第 2 辑）

目　　录

理论研究

环境社会学研究之三维：环境正义再诠释
……………………………〔日〕寺田良一（著）程鹏立（译）/ 1
环境社会学的“中国时代”………………………… 陈占江　赵象钢 / 18

经典回顾

“公地悲剧”：学术脉络与理论内涵 ………………………… 王　婧 / 34
“寂静的春天”：理论内涵、思想渊源及社会影响 ………… 唐国建 / 49
生产跑步机理论：缘起、内涵与发展 ……………………… 耿言虎 / 71
走向“天人合一”：费孝通的环境社会学思想及其生成
探究 ………………………………………………………… 郑　进 / 92

环境治理

制度、文化与认知的三重嵌入：民营企业绿色发展的实现路径
——基于S涂料公司的实践经验分析 …… 王 芳 党艺梦 / 108
云南西畴基层生态民主治理模式初探 …………………… 周 琼 / 128
乡村文化、乡村发展与政府认同：基于环境治理的结构
与文化分析 …………………………………… 张金俊 / 150
社会信任与农村居民环境参与行为
——兼议社区归属感的中介效应 ………… 龚文娟 杨 康 / 169

环境史研究

唐宋以来奉贤海岸带的坍涨变化及农业生产活动响应 … 吴俊范 / 191
人为开发与环境困局：清以降西双版纳热带雨林变迁的
原因探析 ……………………………………… 杜香玉 / 210

《环境社会学》征稿启事 ………………………………………… / 228
Table of Content & Abstract ………………………………… / 231

环境社会学研究之三维：环境正义再诠释*

〔日〕寺田良一（著） 程鹏立（译）**

摘　要：20世纪70年代后期，美国环境社会学的创始人莱利·邓拉普（Riley Dunlap）提出了社会学从"人类豁免主义范式"到"新生态范式"的转变，展望了环境社会学的研究前景。20世纪90年代初，日本环境社会学的创始人饭岛伸子（Nobuko Iijima）将环境社会学定义为"研究人类社会与物理、生物和化学环境之间关系的社会学领域"。伴随着环境问题在世界范围内日益严重，环境社会学的这些早期定义已被普遍认可。环境社会学已成为众多社会学分支中的"常态科学"之一，囊括了气候变化、能源转型、自然保护、污染、粮食和农业等在内的各种子问题，以及多种研究方法和分析概念。环境社会学的经典定义关注"人类社会与生物、物理环境之间的关系"。但这一研究并不充分，因为近年来，人类

* 本文为著者在2021年11月于云南民族大学召开的东亚环境社会学国际研讨会上提交的论文，后著者对其进行了修改完善。译者在翻译过程中，得到青岛理工大学邢一新博士的帮助，特此感谢。

** 寺田良一，日本明治大学文学部心理社会学科教授，研究方向为环境社会学；程鹏立，重庆工商大学法学与社会学学院副教授，研究方向为环境社会学等。

社会与环境间的互动不断加深。笔者尝试提出一个研究框架，对环境社会学的三个主要研究领域的关系进行分类：（1）生活和生计社会系统；（2）地球物理和化学环境系统；（3）生物自然环境系统。此外，还有技术和工业社会系统，其从生活和生计社会系统衍生出来，并对上述三个系统产生影响。通过比较技术和工业社会系统对地球物理和化学环境系统、生物自然环境系统的影响，笔者试图说明环境正义的重要性。

关键词：环境社会学　环境正义　技术和工业社会系统　生活和生计社会系统　LGBT模型

一　引言

20世纪70年代，诸如莱利·邓拉普和饭岛伸子等环境社会学创始人开始了对环境问题的社会学研究。该学科建立半个世纪以来，仍在蓬勃发展，有关环境问题和主题的研究成果可谓卷帙浩繁。这表明环境问题研究范围不断扩大，但似乎也带来了各种环境问题是如何相互关联的新问题。

邓拉普提出了一种新的社会学视角，该视角基于“新生态范式”（NEP），而不是占主导地位的“人类豁免主义范式”（HEP）。[①] 自工业革命开始以来，流行的假设是HEP，主张人类社会可以通过充分利用最先进的科学和技术来克服生态限制。相反，根据NEP，尽管技术不断创新，人类社会仍然基本上依赖于环境，只能在地球承载能力的范围内生存。今天，随着气候危机等环境问题变得日益严重，与20世纪70年代相比，可能更多的社会学家倾向于接受NEP甚于HEP，无论他们的

---

① William R. Catton, Jr. and Riley E. Dunlap, “Environmental Sociology: A New Paradigm,” *The American Sociologist*, Vol. 13, No. 1, 1978, pp. 41 – 49.

研究主题是什么。由于更多社会学家倾向于接受NEP，我们必须再次反思什么是环境社会学。换句话说，当几乎所有人在相当大的程度上都承认我们的社会必须在地球的生态制约下生存时，大多数社会学研究至少在某种程度上接受了新生态范式。因此，就很难在环境社会学和传统社会学之间划清界限。

除了卡顿和邓拉普强调从HEP到NEP的范式转换，[①] 巴特尔也是环境社会学最早的倡导者之一，他强调了另一套关于社会阶级和分层的传统社会学范式框架的重要性。[②] 汉弗莱和巴特尔认为，作为一种社会学范式，NEP本身是不够的，因为它不包括任何关于阶级和权力等社会结构的假设。[③] 他们认为，HEP或NEP应该辅之以马克思、韦伯和涂尔干等关于权力关系的传统冲突范式观点。在环境危机时代，阶级冲突模型和功能主义社会分层模型之间的传统范式差异再次被"问题化"。

20世纪60年代前后，阶级冲突和贫困问题似乎已经被解决，不再是资本主义政权的致命威胁，当时我们可以期待无限的经济增长和繁荣。然而，当"增长的极限"[④] 在石油危机和环境污染加剧后变为现实时，社会平等和阶级冲突可能再次成为问题。巴特尔认为，环境极限威胁着20世纪资本主义工业经济合法化的基本机制。换句话说，巴特尔预言，不断恶化的环境负担分配比例失调问题日益严重，环境不公或将导致不断增长的资本主义经济的灭亡。

饭岛伸子同样将环境社会学定义为"社会学的一个分支学科，其中自然（物理、生物和化学）环境与人类社会之间的相互作用是以经验和/或理论为基础进行研究的，并侧重于其社会方面"。[⑤] 在20世纪

① William R. Catton, Jr. and Riley E. Dunlap, "Environmental Sociology: A New Paradigm," *The American Sociologist*, Vol. 13, No. 1, 1978, pp. 41-49.

② Frederick H. Buttel, "Environmental Sociology: A New Paradigm?" *The American Sociologist*, Vol. 13, No. 1, 1978, pp. 252-256.

③ Craig Humphrey and Fred Buttel, *Environment, Energy and Society*, Wadsworth, 1982.

④ Donella Meadows, et al., *Limits to Growth*, Chelsea Green, 1972.

⑤ 飯島伸子：《環境社会学のすすめ》，東京：丸善出版，1995年.

70年代“环境十年”的早期，“自然环境和人类社会之间的相互作用”相对简单。工业污染、汽车尾气污染、资源开发等人类活动破坏了环境，环境恶化破坏了人类的生存条件。社会学的研究问题涉及环境污染发生机制或环境监管措施。饭岛伸子对工业污染受害者的社会学研究，不仅关注健康损害或经济损失，还关注社会排斥，如对受害者的偏见和歧视。她还关注了导致和加剧污染的政治结构。她将该分析框架称为“加害和受害结构”，该框架描述了污染企业、政治支持团体、受影响人群之间的因果关系。①

即使饭岛伸子将环境社会学定义为“人类社会与自然环境之间的相互作用”，在社会学术语中，自然本身也不被认为是行为主体。将社会与环境之间的相互作用作为分析对象的说法并不一定意味着它们之间进行了谈判。相反，冲突总是发生在受益于环境开发的社会行动者和受害于环境开发的社会行动者之间。饭岛伸子合理地将两个典型的社会团体分类，即污染的“受害者”和“加害者”。像水俣镇渔村居民这样的污染受害者往往不仅受到健康问题和经济困难的影响，而且受到当地社区偏见和精神压力的影响。在20世纪60年代的日本工业化时代，大多数地方政客和政府官僚支持污染工业，地方执政党总体上被认为是“加害结构”。因此，环境问题的实际冲突通常表现为反污染运动和亲工业政党之间的冲突。

当然，这些开创性的研究值得充分认可。然而大致看来，环境社会学的早期定义，即“人类社会与环境之间的互动”有其历史局限性，这一局限性受制于20世纪六七十年代快速发展的工业社会背景。② 相较于半个世纪前首个“地球日”举行时面临的环境问题，我们在21世

---

① Nobuko Iijima, Social Structure of Pollution Victims, in J. Ui, eds., *Industry Pollution in Japan*, Tokyo: United Nations University Press, 1992, pp. 154 – 172.

② 译者注：有关经典环境社会学定义中“环境与社会”的关系的说法的争论，陈阿江教授有具体深入的阐述。参见陈阿江《环境社会学体系之构建：社会问题的视角》，《环境社会学研究》2022年第1期。

纪20年代所观察到的环境问题发生了一些显著的结构性变化。毋庸置疑，环境问题的严重性显著增强。20世纪70年代，严重的工业污染、环境退化和空气污染只发生在少数先进的工业化国家，而今天环境退化几乎在地球上的任何地方都会发生。地球不仅作为一个整体受到威胁，地球上几乎每个角落都受到一定程度的污染，而且生态系统，包括作为内部生态系统的人类有机体，也受到了持久性化学污染物质的破坏。

如果更仔细地审视20世纪60年代和70年代早期的环境问题，我们会发现，这些问题大致从破坏生态系统微妙平衡的污染（如“寂静的春天”问题）转变为宏观资源稀缺（如“增长的极限”问题）。换句话说，早期的问题主要涉及污染物或合成化学物质的负向影响，这些污染物或合成化学物质影响了自然生态系统或生物体的正常功能，而后者则涉及大规模能源消耗或全球变暖等全球环境承载能力的问题。前者可以被描述为“生物自然环境”破坏和由之引起的健康问题，而后者可以被描述为“地球物理和化学环境”承载能力过载。大多数人都承认，这两个问题在今天几乎同等重要。然而，气候变化等地球物理和化学环境威胁似乎比转基因生物（GMOs）和内分泌干扰化学物质（EDCs）等生物自然环境威胁更为明显。

本文的目标有三个。第一个目标是绘制一张分析图，描述人类社会系统和环境之间的关系。第二个目标是使用如图3中的三维，分析和重新解释生活和生计社会系统、地球物理和化学环境系统、生物自然环境系统之间的关系。我想强调的是，这种关系不仅是人与外部环境之间的关系，也是两种不同社会系统之间的冲突关系：生活在良好的生态系统的传统社区或社会和后来衍生的技术和工业社会。受工业污染影响的社区，或饭岛伸子的“受害者”和“加害者”关系模型，是冲突的典型例子。受影响的社区不仅包括田园诗般的农村社区，还包括现代城市居住社区，在那里，人们依靠健康的环境养育后代。第三个目标是，重新解释与地球物理和化学环境问题（如全球变暖问题）相比，为什么生态系统和后续健康问题的受破坏程度较低，或者我们的身体作为微生态系统的受破坏程度较低。

二 环境问题的三维图

图1和图2来自邓拉普和乔根森的著作。在图1、图2中，邓拉普和乔根森试图说明20世纪90年代和当前生态僵局严重程度的比较。20世纪90年代，三种相互竞争的生态功能：供应站、居住地、废物库之间即使已经存在冲突，但它们并未超过当时全球整体承载能力的极限。然而，在21世纪的今天，人类对供应站和废物库的需求已经远远超过了全球的承载能力。邓拉普和乔根森认为，这种情况不仅造成了气候变化等负面环境影响，而且造成了北方和南方（发达国家和发展中国家）

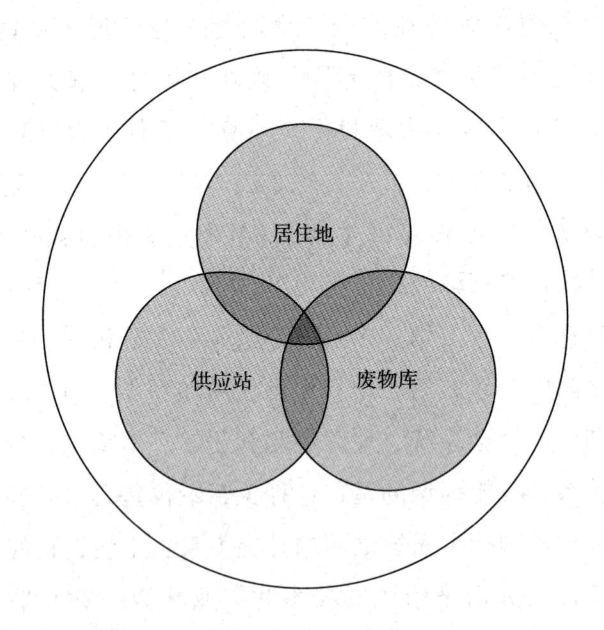

图1 环境的竞争功能（20世纪90年代）

说明：最大圈区域象征全球承载能力。

资料来源：Riley E. Dunlap and Andrew K. Jorgenson, "Environmental Problems," in Ritzer, G. (ed.), *The Wiley Blackwell Encyclopedia of Globalization*, Blackwell, 2012.

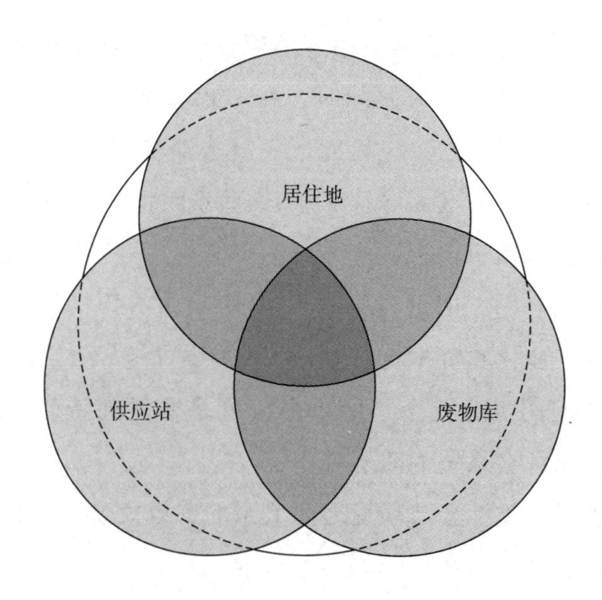

图 2　环境的竞争功能（当前情况）

说明：最大圈外的区域象征人类社会生态超出全球承载能力。

资料来源：Riley E. Dunlap and Andrew K. Jorgenson, “Environmental Problems,” in Ritzer, G. (ed.), *The Wiley Blackwell Encyclopedia of Globalization*, Blackwell, 2012.

之间或多数族裔和少数族裔之间环境负担的分配不均。例如，针对本国危险废弃物倾倒场建设用地的稀缺问题，发达国家将目标对准了发展中国家，在这些地方建立自己的废物库。

邓拉普和乔根森考虑到了当地和全球承载能力的限制，描述了当今人类社会生态过载的一些关键方面。但是，需要添加一些修改。首先，他们提出的三种生态功能——供应站、居住地、废物库，是人类生计的主要功能。例如，即使不断扩大的人类生存空间威胁到承载能力极限内野生物种的生存空间，导致生物多样性减少，这些现象也可能不会在本模型中得到认真考虑。如果将转基因技术应用于农业，基因突变的新物种可能会溢出到正常环境中，破坏自然动植物种群。要评估诸如现代农业中转基因生物使用量的增加对人类的影响，就必须考虑维持生物生态系统平衡的质性方面，而不是数量方面。

其次，它假设了一个人类社会开发利用生态系统的单一模型。在像美国这样的“新世界”，除了被驱逐的原住民，现代工业社会从一开始就利用和开发生态系统。与此同时，在“旧世界”的大部分地区，自给自足的乡土社会至少在一定程度上一直普遍依赖于当地的生态系统，直到工业化发生。即使是在今天，大多数“旧世界”社会都有广阔的乡土社区，基本依赖于生态可持续农业和林业。尽管自给自足生产在西欧和东北亚等工业化“旧世界”的GDP中只占有限的比例，但它仍在实践，并将与工业化和资本化农业分开。从这个意义上说，邓拉普和乔根森的“掠夺型的工业社会”的单一模型是非常独特的，应该提出维持生存和工业化社会系统的双层模型。

图3代表了人类社会与环境之间关系的三维模型，以分析当今环境问题的新特征。

我们应当考虑，在化石燃料催化现代技术发展之前，人类社会是如何生存或适应周围多样生态系统的。在此，我们的目的不是讨论人类社会适应特定生态系统的各种模式，也并非详细讨论他们如何发展农业和运用其他办法来生产食物、建造居所以求得生存。然而，必须指出的是，除非人类社会继续与周围的生态系统共存，否则任何人类社会都无法继续生存。“文化”（culture）一词起源于“cultivation”，意指耕种农作物和饲养动物，因此每个存续下来的社会都有自己的方式来适应自然环境，以免对其造成严重破坏并维持生存。在特定的生态条件下，无论是社会系统还是当地人，都发展出了自己的健康生活方式，比如饮食习惯和房屋建设风格。换句话说，他们所依赖的生态系统的具体特征深深地渗透到了其生计技艺、文化，甚至居民的身体和基因特征中。正如东亚传统（有机）农民常说的“身体和土壤是不可分割的（身土不二）”，当地生态系统、粮食和农业传统以及人类有机体（或内部生态系统）的具体特征已经相互融合。

因此，人类社会和社区，尤其是工业化前的社会和社区，不太可能故意超过它们所依赖的生态系统的承载能力。由于至少在工业革命之前，每个现存的人类社会都必须以可持续的方式与环境共存，我们更应

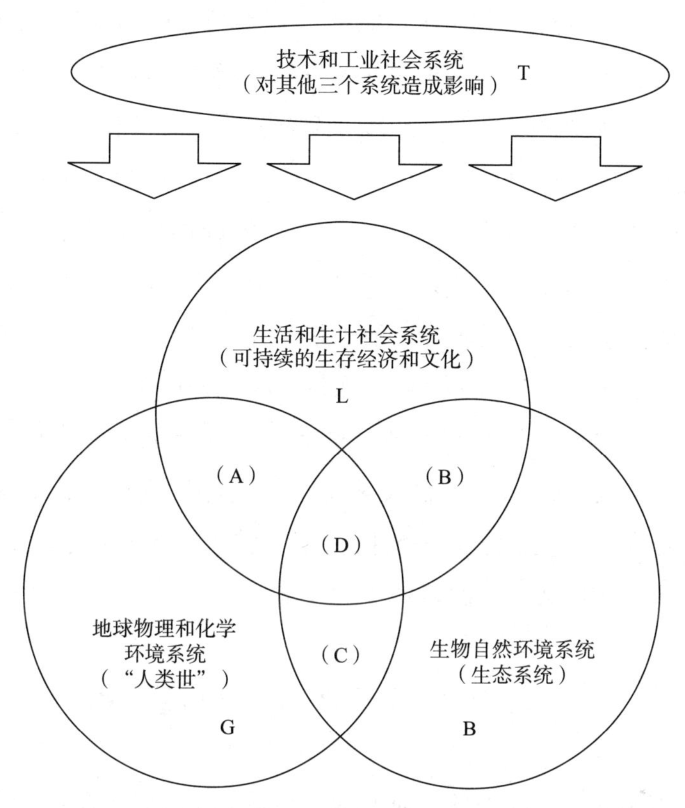

说明：“技术和工业社会系统”影响造成的环境问题如下：
（A）环境污染、资源枯竭、有毒废物；
（B）生物多样性丧失、转基因生物、森林被砍伐、物种灭绝；
（C）荒漠化、农药应用；
（D）气候危机、污染受害者、环境正义。
四个系统的首字母缩写构成了LGBT模型。

图 3　人类社会与环境的相互关系（LGBT 模型）

该假设社会的双层结构。如图 3 所示，在底层，笔者假设基本的可持续“生活和生计社会系统”，它确保了人类生活和生计的根本基础。

这些基本的生活和生计社会系统与周围的“地球物理和化学环境系统”、“生物自然环境系统”或狭义的“生态系统”密切相关。生活和生计社会系统以及其他两个环境系统总体上是相互协调的。然而，后来又出现了非常强大的工业和资本主义社会系统，即“技术和工业社会系统”，主要产生于工业化之后的“生活和生计社会系统”。正如人们所认为的那样，技术和工业社会系统的驱动力是从其他三个领域实现利润最大化，即剥削劳动力、开采化石燃料、开采矿石、将各种自然资源商品化，并在资本主义经济的背景下将所有这些使用价值转化为交换价值。与和谐的生活和生计社会系统相反，技术和工业社会系统通常对环境不友好。

虽然笔者在“生活和生计社会系统”的圆圈上方单独画了一个椭圆形，代表“技术和工业社会系统”，但这并不意味着两个系统在地理上是分开的。相反，一般而言，两个系统存在于同一个地理区域，同一个人在许多情况下同时属于这两个系统。在先进的工业化国家中，更多的空间和人员被卷入技术和工业社会系统，而发展中国家的更多空间和人员则被卷入生活和生计社会系统中的生存性生产。具有讽刺意味的是，尽管两个系统位于同一地区，但“技术和工业社会系统”却利用了生活和生计社会系统的基本生存领域。

三 L、G、B和T系统内的相互作用

在前工业化时代的大部分时间里，生活和生计、地球物理和化学以及生物自然环境系统之间一直是共存的关系。现代技术依靠利用化石能源来维系，而对于没有现代化技术的社区来说，滋养自然以确保人类可持续生存至关重要。

然而，当我们审视古代主要文明的兴衰时，我们发现，实际上在工业革命之前已经出现了诸如荒漠化、森林砍伐、盐碱化等环境破坏问题。这是由于当时相互竞争的古代城邦开发农业并强行扩张农田造成的。除了这些极端情况外，大多数人类社会都与环境共存。在图3中，(A)、(B)、(C)和(D)是地球物理和化学环境系统、生物自然环境系统与生活和生计社会系统之间的重叠区域。在此区域内，人类在资源再生和生物降解极限内维持生存或处置生产生活废弃物。只要人类社会与环境的交换在两个周围环境系统的承载能力的极限内继续下去，生活和生计社会系统就不会对环境造成严重的破坏。

然而，人类活动的足迹已遍布地球，在相当大程度上改变和重塑了地球物理和化学环境。此外，工业革命后出现的技术和工业社会系统尤其在两个环境领域引起了大规模的根本性变革。最重要的是，19 世纪和 20 世纪对化石燃料和矿产资源的大规模开采极大地破坏了地球物理和化学环境。这种情况被诺贝尔奖获得者保罗·克鲁岑（Paul Crutzen）博士命名为“人类世”。

工业化后的技术和工业社会系统对这三个领域都产生了影响。几乎不必谈论现存的生活和生计社会系统遭受了多大损失。随着技术和工业社会系统的出现，现存的经济体系中的主要部分已经转变为商品化的资本主义经济。如前所述，在生活和生计社会系统与地球物理和化学环境系统之间的重叠区域（A）和（D），化石燃料和矿产资源的大量消耗造成了严重的环境污染，使污染受害者痛苦不堪，并导致二氧化碳增多和气候变化。

在（B）和（D）区域，即生活和生计社会系统与生物自然环境系统之间，工业发展破坏了生计经济或自给经济赖以生存的大自然。此外，为了获得短期经济效益，可持续农业已经转变为机械化化学农业，导致土壤生产力和生物多样性的长期受损。人们遭受了有毒农药、森林砍伐、荒漠化、物种灭绝、自然灾害等的损害。当前，转基因生物（GMOs）的迅速扩散加速了传统作物物种间遗传信息的破坏和生物多样性的丧失。在（C）和（D）区域，即地球物理和化学环境系统与生物自然环境系统之间，环境继续恶化，如持久性有机污染物的积累和荒漠化。

重叠区域的环境污染不是由相邻的生活和生计社会系统造成的，而是由技术和工业社会系统的影响造成的，这些系统是最近从生活和生计社会系统衍生出来的。还要注意的是，这两个对生态环境作用方向完全相反的社会系统在特定社会的同一地理边界内并存，有时在更大的区域内并存。因此，环境冲突不是发生在人类社会与环境之间，而是发生在同一社会或地区的生活和生计社会系统与技术和工业社会系统之间。环境冲突不会发生在人与森林或农田之间。环境冲突，只要是社会冲突，就只能发生在两个或两个以上的社会团体之间，而不是人类与自然环境之间。简言之，环境冲突是关于共生或掠夺的竞争或对立的关系。

如果试图破坏环境的技术工业部门是由跨国公司组成的，那么生活和生计社会系统与技术和工业社会系统之间的环境冲突往往与北方和南方的环境冲突并存。如果这些冲突跨越不同的种族或族裔群体，则可归类为“环境正义”运动。

四 对地球物理和化学环境系统与生物自然环境系统的认识差异

如果我们回到20世纪60年代和70年代，试着选出一些在环境问题上有影响力的代表性人物，那么很多人都会想起《寂静的春天》的作者蕾切尔·卡逊、《封闭的循环》的作者巴里·康芒纳，以及“爱河事件”中反对有毒废料倾倒的一位名叫洛伊斯·吉布斯的母亲。在激进的草根环境运动开始时，标志性的环境问题是杀虫剂和其他有毒化学品的使用，它们破坏了自然环境和人类有机体中生态系统的微妙平衡。康芒纳的“每一种事物都与别的事物相关”与“没有免费的午餐”等说法成了有力的反证，驳斥了技术中心主义的观点，即认为包括环境僵局在内的所有问题都可以通过先进的科学技术和工程来解决。

技术和工业社会系统认为，几乎所有问题最终都可以通过技术开发找到解决方案。这可能适用于机械系统，但并不总是适用于生物自然环境系统。例如，当化学品制造商试图通过在田间喷洒杀虫剂来杀死有害昆虫时，他们同时杀死了有害昆虫和有益昆虫。因此，该区域失去了一个平衡健康的昆虫群，而这个昆虫群能够抵御新的有害昆虫。并且，由于缺乏捕食性昆虫，该区域更易遭受虫害。当然，除此之外，杀虫剂也对人类和其他动物有害。卡逊的《寂静的春天》在20世纪60年代和

70 年代引起了极大的轰动，吸引了许多环保人士的注意。

像卡逊和康芒纳这样的生态吹哨人也对 DDT 等合成有毒化学品的持续存在提出了警告。DDT、多氯联苯和二噁英等持久性有机污染物（POPs）不可实现生物降解，几乎永远留在环境中。它们通过生态系统中的食物链在生物体中积累，而我们人类恰恰位于食物链的顶端。此外，除了致癌性和神经毒性等常规毒性外，科尔伯恩等人还检测到了内分泌干扰物等新毒性。[①]

在 20 世纪 70 年代中期和 80 年代稍晚的时候，能源短缺、石油危机、化石燃料枯竭、酸雨、森林砍伐、荒漠化和全球变暖变得更加棘手。与精致的生物自然环境系统的微观平衡不同，全球环境的巨大转变开始出现。这些全球环境问题远比微妙的生态平衡与和谐更加突出和具体。石油枯竭年的预测可以根据年消耗量和总储量来计算。此外，我们可以根据不断上升的二氧化碳水平来预测温度的上升情况。

当然，这并不一定意味着地球物理和化学环境破坏比生物自然环境退化更严重或更危险。笔者认为，这两个领域中，环境破坏的发生机制及其对人类的影响机制存在根本差异。虽然地球物理和化学环境或无机球体的变化相对可计算和预测，但生物自然环境系统中的环境灾难往往是不可预测的，可能被低估了。在亿万年的进化过程中，目前所有的有机体未遭受 DDT 或核电站事故产生的人工放射性物质等合成有毒化学物质的侵害，因此科学家掌握的精确计算线索较少。

另外，气候变化作为地球物理异常的一个典型例子，可以主要解释为二氧化碳过度排放的结果，尽管有人坚决反对。如本文所示，在地球物理和化学环境系统中，一种元素导致另一种现象的许多机制通常是简单的一对一关系。然而，在生物自然环境系统中，包括我们的身体有机体，因果关系非常复杂和多样。每个元素和功能都像齿轮和齿轮装置

---

① Theo Colborn, Dianne Dumanoski and John Peterson Myers, *Our Stolen Future*: *Are We Threatening Our Fertility*, *Intelligence and Survival? A Scientific Detective Story*, New York: Dutton, 1996.

一样错综复杂地交织在一起，因此仅仅一个齿轮断裂就可能会导致整个有机系统的故障。由于没有人确切地知道当一个现存的有机体暴露于内分泌干扰物等全新的有毒化学物质中时会发生什么，我们认为许多科学家和决策者会低估有毒化学物质带来的未知风险。

根据笔者2017年在日本对风险感知的调查研究，受访者认为“转基因生物的健康风险”（51.2%）和“电/磁场的健康风险”（45.1%）是“尚未得到科学证明的健康风险”，而地球物理和化学环境威胁的数据则是“汽车废气”占11.8%、“全球变暖”占14.0%。[①]

因此，与地球物理和化学环境系统的环境威胁相比，生物自然环境系统的威胁，尤其是对人类和其他生物的健康风险，往往没有得到充分认识或得到的是相对乐观的估计。反过来，对地球物理和化学环境系统与生物自然环境系统的威胁的认识差异，进而导致诸如1997年关于气候变化的《京都议定书》、1987年关于保护臭氧层的《蒙特利尔议定书》等国际协定的数量的增加和重要性的增强。像联合国环境规划署这样的国际机构在达成协议以立即采取共同措施应对全球物理灾难方面难度较小，因为我们看到，在1987年《蒙特利尔议定书》之后，所有破坏臭氧层的化学品，如氟氯化碳，几乎都被完全禁止。

相反，尽管在20世纪末左右缔结了许多关于减少有毒化学品和危险废物对健康和环境造成的风险的国际公约，但它们似乎没有《蒙特利尔议定书》那样有效。《控制危险废物越境转移及其处置巴塞尔公约》（1989年缔结）、《关于在国际贸易中对某些危险化学品和农药采用事先知情同意程序的鹿特丹公约》（1998年缔结）、《关于持久性有机污染物的斯德哥尔摩公约》（2001年缔结）是三项具有代表性的公约，旨在减少有毒化学品在全球范围内的长期环境和健康风险。然而，逐步淘汰这些化学品的监管政策不如减少和禁止对地球物理和化学环境的威胁，

---

① Ryoichi Terada, “Environmental Risk Perception in the Aftermath of the Great East Japan Earthquake/Nuclear Disaster and Its Socioeconomic Status Background From the Perspective of ‘Environmental Risk Democracy’,” *Meiji Asian Studies*, Vol. 1, 2019.

如二氧化碳和氟氯化碳监管政策的成功。

虽然地球物理和化学环境系统与生物自然环境系统的灾难都是技术和工业社会系统的影响带来的，但它们在两种情况下有所不同。首先，正如我们已经看到的，前者的因果关系比后者更容易被证明。其次，像气候变化这样的全球地球物理和化学环境危机在更短的时间内严重威胁着技术和工业社会系统与生活和生计社会系统。一方面，有毒化学品产生的生物或生态危机需要更长的时间，直到它们最终完全摧毁这两个领域。即使一些科学家仍在试图反驳二氧化碳是导致全球变暖的原因，但非专业人士实际上已经受到夏季异常高温或超级台风和飓风的威胁。

另一方面，内分泌干扰化学物质的风险可能需要几十年甚至几代人的时间才能明显影响人类生殖器官。此外，有毒化学品和危险废物可以从富裕地区转移到贫穷地区，以便北方的技术和工业社会系统规避风险。这就是环境（不）正义问题的本质。最后但最重要的一点是，在那些受益于有毒化学品的人（如跨国化学品制造商）和那些刚刚遭受这些化学品影响的人之间存在着不可忽视的差异。

五　结论

在本文中，笔者试图重新整理邓拉普和乔根森与饭岛伸子提出的两个开创性分析框架。他们都密切关注人类社会与自然环境的相互作用。然而，环境本身并不是可以直接与人类互动的主体。因此，环境社会学家需要重新解释人类社会与自然环境之间的紧张关系，并将其转化为经常发生冲突的社会各方之间的关系。笔者试图通过图 3 解释两个层次的人类社会系统与两个不同环境系统的关系，即图 3 中的地球物理和化学环境系统与生物自然环境系统。

如图 1 和图 2 所示，邓拉普和乔根森提出了生态系统的三重功能：供应站、居住地和废物库，因此环境问题可以解释为人类社会过度使用这些功能，使之超出了全球承载能力的极限。他们还富有洞察力地指出，当废物处置等负担超过一个地方的处置能力并被转移到另一个有空间（较穷）的地方时，就会发生环境不正义问题，或环境负担的不均衡分配。

他们极具敏锐的洞察力，但他们的框架假设了一个单一的社会模型。也就是说，作为一个整体的社会对环境有害。有必要建立环境社会学框架，使我们能够分析社会或地区的哪些部分超出了承载能力，还有哪些社会或地区不得不承受这些负担。前者是北方、技术和工业社会系统及城市化地区，而后者则是南方、生活和生计社会系统及农村社区。

同样，环境冲突不是，也不可能是人类社会与自然环境之间的关系，而是人类社会内部之间的关系。正如饭岛伸子将其描绘成工业污染时代“加害”的企业和官僚部门与“受害”的当地居民之间的关系。我们应该假设人类社会中两个不同的子系统：追求生产力与利润的技术和工业社会系统，以及主要关注满足人类基本需求与维持生存手段的生活和生计社会系统。

工业革命后出现的技术和工业社会系统迅速发展，几乎吞噬了生活和生计社会系统。技术和工业社会系统不仅与生活和生计社会系统不一致，而且还严重影响了另外两个环境系统：地球物理和化学环境系统与生物自然环境系统。

笔者认为，尽管人类社会，特别是技术和工业社会系统，影响了地球物理和化学环境系统与生物自然环境系统，但这两个系统的监管政策措施的有效性之间存在不可忽视的差异。在这些影响中，一系列国际公约有效地处理了地球物理和化学环境系统的影响，如臭氧层消耗和气候变化。这是由于可预估的灾难性后果使得有关各方就国际监管准则的必要性达成了共识。此外，受益于农药生产的跨国化工公司与担心农药健康风险的消费者之间存在利益冲突，导致他们对生物自然环境系统的影响更难以达成共识。尽管各国政府都同意，必须通过《关于持久性有机污染物的斯德哥尔摩公约》等国际公约来消除持久性有机污染物，并以此作为官方立场，但它们有时在采取有效措施禁止持久性有机污染物方面犹豫不决。

笔者无意低估关于减少温室气体排放的国际共识的重要性。有关各方确实为克服障碍做出了巨大努力，比如和“气候变化否认论”的斗争，以及与化石燃料既得利益集团的斗争。然而，在减轻对生物自然环境领域的影响方面存在着更大的障碍，这不仅是因为商业部门与生活和生计社会系统之间存在利益冲突，还因为很难从科学上证明内分泌干扰物、持久性（永久性）有毒化学品、生物累积化学品等带来的健康和环境风险问题。此外，这些有毒物质来自农药、洗涤剂、阻燃剂和塑料添加剂，这些有毒物质已经从北方转移到南方，在当今世界各地造成了各种环境（不）正义事件。

笔者再次强调，通过人类社会与环境关系的三维图，我们应该认识到技术和工业社会系统与生活和生计社会系统之间相互冲突的社会内部互动对于环境社会学的分析至关重要。这些冲突与实现环境正义的各种努力并存，或清楚地反映在这些努力中。

环境社会学的“中国时代”

陈占江　赵象钢*

摘　要： 中国环境社会学从对西方理论的引介和对本土环境问题的研究起始，在40年的发展历程中学科意识逐渐凸显，至今已经成为一门具有独特价值关怀与研究旨趣的中国社会学分支学科。在中国社会主义现代化深入发展的背景下，生态文明建设的持续推进、公众环境意识的日益觉醒以及学术共同体理论自觉的不断加强，将进一步锤炼中国环境社会学的学术品格和学科特色。中国环境社会学将迎来一个植根自身文明传统和社会实践且在世界学科领域具有更大影响的“时代”。

关键词： 环境社会学　“中国时代”　理论自觉　学科建设

环境社会学从进入中国学者的视野，到真正成为一门独立的中国社会学分支学科，已有40年。[①] 40年间，中国环境社会学逐渐完成从“学科无意识”到“学科自觉”、从“隐学”到“显学”的历史转变。

---

* 陈占江，浙江师范大学法政学院教授，研究方向为环境社会学等；赵象钢，浙江师范大学法政学院硕士研究生，研究方向为环境社会学等。

① 本文将狄菊馨、沈健翻译的邓拉普、卡顿的《环境社会学及其基本的分析结构》（《现代外国哲学社会科学文摘》1982年第11期）视为中国环境社会学的开端。

这一转变意味着，中国环境社会学无论在学科建设还是学科地位上都具有突破性进展和关键性提升。然而，面对世界百年未有之大变局和中国现代化的生动实践，中国环境社会学应当如何迎接蕴含其间的挑战和机遇显然值得我们深入思考。基于这一认识，本文将重新回顾中国环境社会学的发展历程、重新审视中国环境社会学的现实处境以及重新把握中国环境社会学的未来方向。

一　引介与探索：中国环境社会学的发展历程

20 世纪 80 年代初期，环境社会学以一种尚未明晰的身份出现在中国社会学的场域中，开启了早期的“环境问题”研究。随着环境问题的演变和学术研究的深入，中国环境社会学逐渐摆脱“学科无意识”的状态，转向自觉地学科构建。

（一）基于现实关切的“环境问题”研究

作为一门研究环境与社会之间的互动关系的学科，环境社会学在诞生之初具有明显的“问题”导向。无论是美国、欧洲还是日本环境社会学的诞生，都与本土的环境问题密切相关，中国亦是如此。改革开放之初，“重经济增长、轻环境保护”的政策导向引发了严峻的环境问题。环境问题成为中国经济和社会发展的制约因素。随着对环境问题认识的日益深化，人们意识到环境问题不仅是技术性问题，而且同特定的社会结构和过程有关，与人们的行为过程有关。[①] 因此，单单运用自然科学来解释环境问题已然不够，环境问题已经成为一种经济、政治、文化等因素交织的复杂的社会问题，迫切需要经济学、政治学、法学、社会学等人文社会科学的介入，从多学科的角度立体地看待中国的环境问题。中国环境社会学正是在这样的背景下应运而生。

---

① 洪大用：《试论环境问题及其社会学的阐释模式》，《中国人民大学学报》2002 年第 5 期。

中国环境社会学在发展之初引介了许多国外环境社会学理论，尤其是美国和日本的环境社会学理论，[①] 也有学者系统性地介绍了西方环境社会学的产生背景、发展阶段以及主流理论范式。[②] 国外环境社会学理论的引入在一定程度上为我国环境社会学的发展奠定了基础，为我国环境社会学的理论研究提供了参考和借鉴。但此时的中国学者并未使用这些理论范式对中国的环境问题进行分析，而是基于对中国本土环境问题的现实关切和他们对中国文化传统的深刻感知，意识到社会学在环境问题研究中的重要作用，从而做出了许多积极而有益的初步探索。在此意义上，中国环境社会学在发展之初就表现出更为明显的自主性和本土性，这也为中国环境社会学以一种平等的姿态对国外理论进行反思与对话创造了空间。

在某种意义上，费孝通是将环境问题带入中国社会学的第一人。1978年12月，重访广西大瑶山的费孝通发现，“大跃进”时期“以粮为纲”的政策破坏了当地的生态系统。在他看来，农业和林业是两种不同的生态系统，二者不能相互取代。[③] 在1983年12月31日至1984年1月7日召开的第二次全国环境保护会议上，费孝通呼吁政界和学界应及早重视、积极防范农村工业化过程中产生的环境问题，尤其是城市向小城镇和农村的污染转移。[④] 对于边区开发过程中出现的环境问题，费孝通主张经济发展、环境保护与文化延续之间应保持动态平衡而非

---

① 参见邓拉普、卡顿《环境社会学及其基本的分析结构》，狄菊馨、沈健译，《现代外国哲学社会科学文摘》1982年第11期；鸟越皓之《日常生活中的环境问题》，徐自强译，《现代外国哲学社会科学文摘》1988年第3期；弗雷德里克·H. 巴特尔《社会学与环境问题：人类生态学发展的曲折道路》，冯炳昆译，《国际社会科学杂志》（中文版）1987年第3期；弗罗伊登伯格《环境社会学的产生》，刘霓译，《国外社会科学》1990年第8期；格拉姆林、弗罗伊登伯格《环境社会学：关于21世纪的范型》，刘霓译，《国外社会科学》1997年第2期。

② 洪大用：《西方环境社会学研究》，《社会学研究》1999年第2期。

③ 《费孝通全集》（第8卷），呼和浩特：内蒙古人民出版社，2009年，第352页。

④ 费孝通：《及早重视小城镇的环境污染问题》，《水土保持通报》1984年第2期。

畸轻畸重。[①] 对于内地工业化过程中的环境问题，费孝通认为其根源在于西方知识体系的侵入破坏了传统中国自然与社会之间的有机循环。[②] 受费孝通的影响，麻国庆认为中国的环境保护应着眼于不同族群及其生活方式所蕴藏的地方性知识。以游牧民、山地民和农耕民为代表的三种族群生计模式在处理人与自然的关系上有所差异，由此形成的地方性知识对环境保护有深刻影响。[③]

在中国环境社会学的发展过程中，卢淑华的城市污染问题研究具有一定的探索性意义。她于1994年首次运用调查问卷对东北某工业城市的居民进行调查，收集和分析该市居民对环境污染的认知状况并与其他城市居民进行比较。研究发现，当地居民的住房区位分布与个体权力背景之间具有高度的相关性。某些污染严重的街区，工人居住的比例高于全市工人居住的平均比例，而干部居住的比例则远远低于全市干部居住的平均比例。[④] 此外，20世纪90年代对城市居民、大学生或全国居民所做的环境意识调查折射出我国环境问题的严峻性。这些调查对于后来的相关研究起到了一定的奠基作用。

整体而言，20世纪80～90年代的中国社会学对环境问题的关注明显不足，而环境社会学则处于初步探索阶段。改革开放以来环境问题的外显性和对中国社会的破坏性使得上述研究中包含着浓厚的现实关怀，学者们在忧心忡忡中寻找环境问题的社会成因，描绘环境问题的社会影响，并试图提出可行的政策建议。此时进行的并不是真正意义上的“环境社会学”研究，而应称之为运用社会学研究方法进行的“环境问题”研究。尽管这些探索性研究在理论建构和解释力等方面还有待深入，研究方法的应用还不成熟，但在中国环境社会学研究的探索时期，

① 费孝通：《边区开发〈定西篇〉》，《开发研究》1985年第1期；费孝通：《边区开发〈包头篇〉》，《管理世界》1986年第2期。

② 张冠生：《青山踏遍·费孝通》，济南：山东画报出版社，2001年，第271～273页。

③ 麻国庆：《环境研究的社会文化观》，《社会学研究》1993年第5期。

④ 卢淑华：《城市生态环境问题的社会学研究——本溪市的环境污染与居民的区位分布》，《社会学研究》1994年第6期。

正是这些尚不成熟的“环境问题”研究为后来的“环境社会学”研究奠定了富有启发的学术起点，一个环境社会学的“中国时代”也由此发轫。

（二）基于学科意识的“环境问题”研究

在21世纪之前，中国环境社会学发展处在一个学科意识尚显薄弱的自发阶段。在此阶段，虽然有一些学者从社会学角度对环境问题展开研究，但中国环境社会学仍处在一个缓慢发展的阶段。直到进入21世纪以后，在20世纪80～90年代学术积累的基础上，中国环境社会学进入快速发展的时期，在学科定位、学术成果、组织建设等方面都取得了较大进展。[①] 与之相应的社会现实是中国经济建设进入高速增长期，经济的高速发展对生态环境的压力进一步加大。尽管此时人们的环境意识已经有所觉醒，环境保护也得到政府的重视，但经济发展对生态环境的冲击并未因此减弱。环境污染、生态破坏、环境抗争等事件时有发生，环境问题涉及的社会主体与产生机制也更为复杂。面对这样的社会现实，中国环境社会学意识到需要承担起自身的时代责任，在环境问题多发、环境形态复杂、环境变化多样的中国田野树立明确的学科意识。21世纪至今的中国环境社会学针对中国在新发展阶段的各种现象和问题，产生了许多具有本土特色的研究成果，开始迈向理论自觉的“环境社会学”研究。

首先，学科意识愈发凸显。在对国外环境社会学理论进行吸纳与反思的基础上，运用国外环境社会学理论分析中国现状。比如，洪大用运用生态现代化理论对中国发展过程中经济增长和环境保护之间的互动关系进行研究，从整体层面分析中国政府推进环境保护的实践与成效，

---

① 顾金土、邓玲、吴金芳、李琦、杨贺春：《中国环境社会学十年回眸》，《河海大学学报》（哲学社会科学版）2011年第2期。

并指出中国生态现代化进程中面临的困难。[①] 同时，对环境社会学的经典基础理论、学科定位、学科合法性等进行了许多探讨，为环境社会学的基础理论发展做出了贡献。李友梅、王芳等通过对马克思、韦伯、涂尔干等人的经典社会学理论的研究，分析了经典理论所蕴含的环境社会学的理论基础，指出其在环境社会学理论构建过程中发挥的作用及局限性。[②] 吕涛指出尽管许多环境社会学家以环境和社会之间的关系为研究对象，但对环境变量属性的分歧会使得环境社会学与生态学、环境经济学等学科间的界限难以界定。为此，他提出了环境社会学研究的 ESSP（Environment-Socialization-Society-Paradigm）范式和 SAEP（Society-Action-Environment-Paradigm）范式，对环境社会学的学科定位做出了探讨。[③] 陈占江则基于反思社会学的视角，在重新检视环境社会学的价值关怀、学科品格、研究伦理和方法论取向的基础上，对如何重构环境社会学的内外合法性基础进行了讨论。[④]

其次，本土特征日益鲜明。主要表现为三个方面。第一，提出了许多具有本土特征的环境社会学理论。比如洪大用提出的“社会转型范式”、[⑤] 荀丽丽和包智明对地方政府在生态治理过程中“双重角色”的探讨、[⑥] 陈阿江关于“人水和谐”的理论探讨，[⑦] 以及张玉林对“政

① 洪大用：《经济增长、环境保护与生态现代化——以环境社会学为视角》，《中国社会科学》2012 年第 9 期。

② 李友梅、翁定军：《马克思关于“代谢断层”的理论——环境社会学的经典基础》，《思想战线》2001 年第 2 期；王芳：《文化、自然界与现代性批判——环境社会学理论的经典基础与当代视野》，《南京社会科学》2006 年第 12 期。

③ 吕涛：《环境社会学研究综述——对环境社会学学科定位问题的讨论》，《社会学研究》2004 年第 4 期。

④ 陈占江：《迈向行动的环境社会学——基于反思社会学的视角》，《社会学研究》2017 年第 3 期。

⑤ 洪大用：《当代中国社会转型与环境问题——一个初步的分析框架》，《东南学术》2000 年第 5 期。

⑥ 荀丽丽、包智明：《政府动员型环境政策及其地方实践——基于内蒙古 S 旗生态移民的社会学分析》，《中国社会科学》2007 年第 5 期。

⑦ 陈阿江：《论人水和谐》，《河海大学学报》（哲学社会科学版）2008 年第 4 期；陈阿江：《再论人水和谐》，《江苏社会科学》2009 年第 4 期。

经一体化”的分析等。[①] 第二，形成了许多具有本土特色的研究领域和研究议题。具体来说，在经验研究方面，形成了水环境研究、草原环境研究和海洋环境研究三个较为稳定的学术共同体，并形成了鲜明的研究特色，[②] 在环境抗争、公众环境意识、环境群体性事件、环境政策、垃圾治理等研究议题上也有许多研究成果。在中国生态文明建设的引领下，环境社会学的研究关照也有从环境问题的成因、影响研究转向环境治理研究的趋势。第三，在研究方法上也呈现一定的本土特性。与西方环境社会学者偏重于使用定量研究对环境问题进行解释不同，我国环境社会学者更倾向于对某一地区或某一群体的质性研究，同时进行了许多政策取向的研究。这与我国社会学发展至今的学术传统和中国自上而下的政治体制密切相关。

最后，研究视野更加宽阔。实现“理论自觉”的环境社会学研究，除了要建立有效的理论支撑、树立明确的理论立场、保持对西方环境社会学理论的逻辑自觉，还要自觉了解和学习中国的文化传统，最终将“理论自觉”内化为中国环境社会学者的集体意识。[③] 在中国古代的思想资源和现实实践的传承中，有深厚的生态传统和丰富的生态遗产值得挖掘。[④] 在这一方面，中国环境学者已经开始有意识地利用中国的文化传统进行学术再创。同时，也有学者意识到由于环境问题的特殊性和复杂性，环境社会学必须从其他学科中汲取营养。张玉林就提出环境社会学要与环境史“接轨”，从而使环境社会学超越传统社会学的理论、方法和视角。[⑤] 陈阿江则探讨了自然科学研究中的技术手段如何拓展环境社会学研究。[⑥] 洪大用等对于全球气候变化问题的社会学

① 张玉林：《政经一体化开发机制与中国农村的环境冲突》，《探索与争鸣》2006年第5期。

② 陈涛、崔凤：《中国环境社会学的学科发展与研究特色》，《南京工业大学学报》（社会科学版）2013年第2期。

③ 洪大用：《理论自觉与中国环境社会学的发展》，《吉林大学社会科学学报》2010年第3期。

④ 陈阿江：《环境社会学研究中的科学精神与中国传统》，《江苏社会科学》2014年第5期。

⑤ 张玉林：《环境社会学的特殊性与环境史》，《江苏社会科学》2014年第5期。

⑥ 陈阿江：《技术手段如何拓展环境社会学研究》，《探索与争鸣》2015年第11期。

分析，[①] 为我国环境社会学研究提供了全球视野，指出了环境社会学研究的新方向。

综上所述，中国环境社会学在21世纪以后进入了一个快速发展的时期，在对国外环境社会学理论进行吸纳与运用的过程中注重与中国经验相结合，并从不同视角和层次对环境社会学学科的基本理论进行了诸多探讨。在此过程中，中国环境社会学的学科构建明显进步，学科地位明显提升。

二　内推与外压：中国环境社会学的发展动力

历史表明，中国环境社会学对国外理论的引介与自我理论体系的构建同步进行。这一发展路径既与中国本土社会现实的转变有关，同时也与世界政治、经济结构的调整有关。中国环境社会学在本土化发展的过程中改变着自身在世界环境社会学中的地位，也在对西方理论“去中心化”的过程中改变着世界环境社会学的格局。

（一）中国环境社会学的内部推动

与西方不同，中国环境社会学面对的并不是一种渐进式的社会转型，而是一种全方位的社会巨变。对从环境变化的现实中寻求理论解释的环境社会学而言，中国这种巨变式的社会转型为中国环境社会学提供了一个地域广阔、形态多样的经验观察空间。它既包括传统的乡土社会，也包括拔地而起的一座座现代城市，并延展向中国与世界的交互之中。改革开放之前的中国社会虽然也存在环境问题，但它属于一个相对稳定的社会，中国与世界的交互不像今天如此频繁，中国社会自身的变动也不似今天如此迅速而剧烈。在这一转型过程中，国家与社会、学者

---

① 洪大用、罗桥：《迈向社会学研究的新领域——全球气候变化问题的社会学分析》，《中国地质大学学报》（社会科学版）2011年第4期。

与民众的多方合力，从内部促成了一个真正意义上的环境社会学的“中国时代”。

第一，自上而下的国家重视。1973年，中国第一次全国环境保护会议在北京召开。这次会议是新中国开创环境保护事业的第一个里程碑，标志着环境保护在中国开始列入各级政府的职能范围。会议召开之后，从中央到地方及其有关部门，都相继建立了环境保护机构，并着手对一些污染严重的工业企业和江河进行初步治理，由此揭开了中国环境保护事业的序幕。1979年9月，第五届全国人大第十一会议通过了《中华人民共和国环境保护法（试行）》。1983年召开的第二次全国环境保护会议上明确将环境保护确定为基本国策。中国环境保护的政策法规体系在40年的时间里逐步建立、修订、整合和完善。2014年新修订的《中华人民共和国环境保护法》被称为“史上最严”的《环境保护法》。2017年，党的十九大报告指出：“我国社会主要矛盾已经转化为人民日益增长的美好生活需要和不平衡不充分的发展之间的矛盾。”为化解这一矛盾，国家在发展理念、政策设计、体制创新等方面将“环境治理”提升到前所未有的战略高度。自上而下的国家重视不仅为中国环境社会学提供了必要的政策空间，亦在客观上推动了中国环境社会学的快速发展。

第二，自下而上的社会觉醒。中国环境问题的演变在两个过程中展开：自上而下的国家重视和自下而上的社会觉醒。互联网时代的到来加速了社会觉醒的进程。互联网将各种各样的信息传播媒介相互连接在一起，各种环境信息得以在全球范围内进行传播并发生影响。目之所及，电脑、手机甚至智能手表已经成为人们了解外界的主要工具和窗口，微博、微信等社交媒介和信息传播平台使人们发布与接收信息的方式发生了质的变化。我们对环境问题的感知愈发清晰，各种环境知识也在潜移默化中改变着我们的生活方式。在此意义上，环境社会学的“中国时代”也是一个环境信息的冲击时代，世界各地的生态变化和环境问题为中国民众所感知，中国的环境问题和治理措施也为世界所关注。当中国的专家学者为中国民众的碳排放指标据理力争时，我们可以深切感受到这种信息冲击对世界和中国的影响，中国民众对环境问题的态度亦在这种冲击中发生着根本性的转变。现实的环境问题可以借由虚拟网络放大，也可以借由虚拟网络进行遮蔽，但人们总会在其中寻找与自己切身相关的信息并加以解读。中国民众的环境意识正是在这种放大与遮蔽中不断建立。自下而上的社会觉醒既改变着中国环境问题，也重塑着中国环境社会学。

（二）中国环境社会学的外部压力

如前所述，环境社会学“中国时代”的到来与两个历史背景密切相关：一是中国转型加速发展，各种环境问题不断浮现；二是随着中国对外开放不断深化，中国融入世界的程度日益加深。中国的环境社会学者既要面对中国改革开放以来产生的种种环境问题，也要面对西方现代性兴起的影响下所发生的各种转变。西方发达国家在经济快速增长期所产生的各种环境问题同样在中国出现，中国的环境社会学者需要在一种现代性转变的社会情境中去看待中国环境与社会之间的互动，并以此对中国的社会结构及其变迁做出科学的解释与预测。中国与世界日益频繁的交流是中国社会未来发展的一种常态，要从这种动态的情境中去理解中国的环境变化与社会变迁的关系，必须要建立一个立足本土、连通国际的中国环境社会学理论体系。

历史地看，无论是美国、欧洲还是日本的环境社会学都是在试图回答“本土环境问题何以产生与如何解决”的基础上诞生和发展的。然而，西方资本主义国家借由战争和市场扩张逐渐将各个相对孤立的国家连接起来并形成一个现代世界体系。在现代世界体系中，发达国家试图借助不平等的游戏规则直接或间接地实现对中等发达国家、欠发达国家施加影响并由此固化这一结构。作为工业化的“副产品”，发达国家借助世界性的劳动分工体系和商品交换网络不断向中等发达国家和欠发达国家转移污染。从某种意义上说，全球化的过程就是污染转移的过程。跨越空间边界的环境问题不断制造族群与族群之间、国家与国家之间、区域与区域之间的不平等。面对环境问题的演变，美国、欧洲、日本的环境社会学在视域扩展和学术竞争中不断提出新的概念、理论或范式，在世界学术市场占据着核心地位。

欧美和日本的环境社会学所产生的示范效应对中国环境社会学不免造成一种外部压力。这种压力表现在两个方面：一是中国环境社会学能否在世界学术的边陲地带真正坚持和彰显自己的主体性；二是中国环境社会学能否基于自身的文化传统和实践经验提出富有解释力和竞争力的理论概念。事实上，这种压力不唯中国环境社会学所独有，整个中国的哲学社会科学都面临如何构建富有中国特色的学科体系、学术体系和话语体系的难题。作为世界上最大的发展中国家、最大的社会主义国家以及一个拥有五千年文明历史的国家，中国的学术不应停留在对西方学术的照搬照抄或简单移植。环境问题是一个现代性问题。尽管不同国家的环境问题在发生机制上具有很多相似之处，但在生态理念、政策取向、实践应对等方面依然存在国家或区域差异。也正因为此，中国环境社会学始终面临着巨大的外部压力。正是由于这种压力的客观存在，中国环境社会学一直在努力摆脱他国的影响，坚持本土化发展的道路上阔步前进。

综上而言，中国环境社会学的发展不是一个自在自为的过程，而是多重因素综合作用的结果。所谓的“内部推动”和“外部压力”，并非泾渭分明、截然对立。中国环境社会学既要应对环境问题所提出的结构性挑战也要面对国际学术界所产生的示范性压力。在社会与学术的张力中，中国环境社会学快步前行。

三　前景与路径：中国环境社会学的发展趋向

进入新时代的中国环境社会学和初步建构时期的中国环境社会学所面对的国内情境和世界格局已大有不同。中国社会的深刻转型和世界结构的深刻转变要求我们重新思考与调整环境社会学的研究主题、研究方法与理论构建，在中国与世界互相嵌入的动态情境中建设一门具有中国意识和中国风格的环境社会学。易言之，中国环境社会学必须在回应中国环境治理的现实需要和全球环境治理的整体需求中加速自身的理论创新和学科建设，进而迎接环境社会学的“中国时代”。

（一）在超越西方限制中实现理论自觉

作为舶来品，中国环境社会学不可避免地带有一种移植性格。借助西方的理论范式解释中国环境问题，既为中国环境社会学获得某种学科合法性提供支撑，亦在一定程度上为破解中国环境难题提供思路或启发。然而，任何社会理论都植根于具体的文化传统和实践经验。超越时空的理论显然并不存在。通过结合西方理论与中国经验，中国环境社会学获得了长足的发展。但脱胎于西方经验的理论范式在多大程度上适用于解释中国问题，以及这种“适用”是否隐含着对中国经验的扭曲，无疑需要前提性反思和批判。遗憾的是，尽管许多学者在运用西方理论解释中国现实经验时保持了一定程度的反思意识，但并未从中进一步发展出适合中国情境的学术话语和理论范式。

中国环境社会学欲彰显其主体性，必须在超越西方限制中实现理论自觉。所谓“理论自觉”，主要是指研究者对其运用的理论有“自知之明”，即要明白它们的来历、形成过程、所具有的特色和它的发展趋向，分清楚哪些是我们创造的，哪些是汲取西方的。[①] 在西方社会学依然具有支配性地位的背景下，中国环境社会学应对西方理论和方法的前提预设、经验基础及其依赖的文化传统和思想资源加以认识，进而对其限度做出准确的判断。然而，这绝不意味着对西方理论和方法的排斥和拒绝。中国环境社会学显然要对中国社会变迁过程中所产生的环境

① 郑杭生：《促进中国社会学的“理论自觉”——我们需要什么样的中国社会学》，《江苏社会科学》2009 年第 5 期。

问题进行观察和分析，但中国环境问题的发生机制和解决方案无法完全孤立于世界之外。事实上，中国环境问题是现代化与全球化复杂交织的产物，既具有“本土性”，又具有“全球性”。以此而言，中国环境社会学的主体性必然在传统与现代、中国与西方的有机对话中形成。唯有建立一条既能通过西方理论透视中国现实，也能通过中国理论透视全球环境变化的双向理论建构路径，实现“本土化”与“国际化”之间的良性互动，才能实现新时代中国环境社会学真正的理论自觉。

（二）在坚持实践导向中彰显人民关怀

众所周知，“经世致用”是中国学术的重要传统。在以“经世致用”为取向的学术研究中，知识分子的生命意义与普罗大众的生活福祉实现了有机联结。无论是将西方社会学译介到中国的严复还是终身从事社会学研究的费孝通均具有强烈的经世致用取向。费孝通积极主张“建立面向中国实际的人民社会学”[①]，将“联系中国实际讲社会学和以社会学的研究来服务于中国社会的改革和建设”视为“社会学中国化”的主要内容。[②] 毫无疑问，中国社会学的实践品格深深地影响了中国环境社会学的价值取向。然而，这并不意味着中国环境社会学已经完全将自己嵌入实践之中。当下的中国环境社会学研究往往滞后于环境政策的制定，尚未起到引领政策制定和指导实践的功能。在这个意义上，学术与社会之间依然存在一定程度的紧张。

当前我国的生产生活方式正在发生前所未有的深层变革和绿色转型。在推动绿色转型的过程中，单位国内生产总值能源消耗和二氧化碳排放、主要污染物排放总量持续减少，生态环境持续改善的约束日趋加强，全球化与逆全球化的交织更加复杂。[③] 可以说，中国正经历着历史上最为广泛而深刻的社会变革，正进行着历史上最为宏大而独特的实践创新。

---

① 费孝通：《建立面向中国实际的人民社会学》，《江苏社联通讯》1981年第17期。

② 费孝通：《略谈中国的社会学》，《社会学研究》1994年第1期。

③ 洪大用：《实践自觉与中国式现代化的社会学研究》，《中国社会科学》2021年第12期。

就此而言，中国环境社会学应进一步将学术研究扎根于鲜活的生活实践之中并由此彰显“以人民为中心”的价值关怀。学术研究应“从实践中来，到实践中去”，而不是单纯作为一种学术共同体的内部追求。从西方环境社会学的发展历程来看，根深蒂固的主体与客体、主观与客观、微观与宏观、行动与结构、实证主义与理解主义等二元论思维模式在割裂社会整体属性的同时亦切割了学术与社会的有机联结。[①] 从中国环境社会学的发展历程来看，植根实践、迈向人民的学术取向在一定程度上避免了西方环境社会学所陷入的危机。然而，西方中心主义的阴云并未完全散去，以西方理论衡量、评判、裁剪中国实践的思维依然存在。在这个意义上，中国环境社会学在坚持实践导向的前提下应进一步将学术研究与人民福祉联系起来。如此，中国环境社会学方能焕发勃勃生机。

（三）在发掘文化传统中扩展学科界限

20 世纪初，美国农学家富兰克林·H. 金怀着对美国农业前途的忧虑来到东亚地区考察，回国后写了《四千年农夫——中国、日本和朝鲜的永续农业》一书盛赞东亚的传统农业。该书指出用养结合、精耕细作、间套复种的多熟种植制度是中国农业能够维持地力长新、持续发展的原因所在。[②] 无论是中国文化的大传统还是小传统都高度重视人与自然的和谐统一、共生共荣。然而，中国文化的大传统和小传统中所蕴含的生态智慧在现代化过程中不断遭到“否弃”。这种“否弃”不仅成为中国环境问题发生的重要原因，也是中国环境问题长期难以解决的文化根源。对于中国环境社会学而言，无论是古代的思想资源还是现实的实践传承所蕴含的生态传统和生态遗产都应努力挖掘和开发。[③] 申言

① 陈占江：《迈向行动的环境社会学——基于反思社会学的视角》，《社会学研究》2017 年第 3 期。

② 富兰克林·H. 金：《四千年农夫——中国、日本和朝鲜的永续农业》，程存旺、石嫣译，北京：东方出版社，2011 年。

③ 陈阿江：《环境社会学研究中的科学精神与中国传统》，《江苏社会科学》2014 年第 5 期。

之，儒家思想中的生态观点、道家思想中的生态智慧以及数千年农耕实践所形成的生态知识均应成为中国环境社会学知识构建的重要来源。

费孝通在晚年最为重要的一篇文章《试谈扩展社会学的传统界限》中对社会学进行了本体论反思。在他看来，传统社会学的本体论将自然视为社会的对立面，否定二者之间的包容和融通关系。这种二元分立的思维不仅制造了社会学方法论的内在分裂，而且限制了社会学的理论视野和解释边界。因此，社会学应回到“天人合一”的本体论传统中寻求扩展社会学传统界限的可能。[①] 尤其在现代性跨越地域边界的全球化时代，各个国家、地区的经济、政治、社会和文化正在经历翻天覆地的巨变，进一步导致自然与社会的界限更加模糊，自然与社会的互动过程更加隐蔽，自然与社会的互动结果更加复杂。中国环境社会学应找回“社会”的自然维度。通过“找回自然”，在自然与社会、理性与感性、身体与心灵、历史与现实、西方与东方等一系列二元对立中重新建立对话、联结或融合，重新理解被社会/自然二元论掩盖、遮蔽、遗忘、肢解或扭曲的研究对象，在重构环境社会学的问题意识和诊断方式中扩展环境社会学的传统界限。[②]

毫无疑问，“当代中国的伟大社会变革，不是简单延续我国历史文化的母版，不是简单套用马克思主义经典作家设想的模板，不是其他国家社会主义实践的再版，也不是国外现代化发展的翻版”。[③] 面对纷繁复杂的社会实践，中国环境社会学既不能不加反思地移植和套用西方理论，也不能不加批判地照搬和复制中国传统。唯有在中国与西方、传统与现代的良性互动中不断寻找经验与理论之间的有机联结，方有可能形成具有中国风格、中国气派和中国特色的中国环境社会学。事实

① 费孝通：《试谈扩展社会学的传统界限》，《北京大学学报》（哲学社会科学版）2003年第3期。

② 陈占江：《“找回自然”：社会学的本体论转向》，《鄱阳湖学刊》2021年第3期。

③ 习近平：《在纪念马克思诞辰200周年大会上的讲话》，新华网，2018年5月4日，http://www.xinhuanet.com/politics/2018-05/04/c_1122783997.htm。

上，也只有如此，中国环境社会学才能迎来属于自己的时代。

四　结语

历经40年风雨兼程，中国环境社会学在中国社会科学研究的汪洋大海中不断探索与前行。曾经分散的环境社会学研究者逐渐组织起来，形成了一个具有共同价值关怀和研究旨趣的学术共同体。在此过程中，中国环境社会学逐渐从对西方理论的借鉴与迷思转向自主的创造和平等的对话。随着中国经济的发展，中国的环境污染、生态退化及其相应的治理实践必然进入全球学者的视野之中，世界的环境污染、生态退化及其相应的治理实践也必然进入中国学者的视野之中。在中国与世界的学术互动中，独立且富有成效地构建一门具有中国风格、中国气派、中国特色的环境社会学显然是来自时代的深沉呼唤。面对这一时代呼唤，每一位中国环境社会学的研究者都应当重新阅读西方经典、重新返回中国传统，在深耕田野、迈向人民的学术实践中积极迎接环境社会学的“中国时代”。

“公地悲剧”：学术脉络与理论内涵[*]

王　婧[**]

摘　要：“公地悲剧”理论以美国资本主义经济体系为分析背景，认为美国现代社会严重缺乏公地管理传统，当产权不清、人口与资源关系不协调时，不受管理的公地终将造成环境悲剧。该理论吸收了马尔萨斯的人口学说、达尔文的自然选择学说，以及劳埃德的“公地模型”等观点，揭示了美国的一个时代问题。20世纪的美国人口增长和无管理的公地资源出现紧张关系，西方的产权制度管理体系以及美国政府特点，均难以处理产权无法分割的公地问题。纵观哈丁的“公地悲剧”理论，其贡献在于第一次系统地阐述了公地问题，并对很多学科领域产生了重要影响，但将“私有产权”体系作为资本主义的重要前提假设，也备受争议。

关键词：哈丁　“公地悲剧”　人口增长问题

* 陈阿江教授对本文的形成发挥了重要的指导作用，在此深表感谢。此外，与耿言虎、唐国建的多次讨论，对论文也起到了促进作用。本文资料主要来源于 Wayne Lutton、John Rohe、Craig Straub、John Tanton 为纪念和缅怀哈丁夫妇逝世而建立的 Garrett Hardin Society（简称“GHS”）网站，网站系统地整理了哈丁的简历、访谈记录、文章、著作等。国内关于哈丁“公地悲剧”理论的直接引用较多，对其生平和社会背景的研究较少。

** 王婧，贵州大学公共管理学院社会学系副教授，研究方向为环境社会学。

一 相关社会背景

50多年前，加勒特·哈丁（以下简称哈丁）在《科学》杂志上发表了《公地悲剧》（*The Tragedy of the Commons*），该理论不仅是资源与环境研究的重要概念之一，也是环境社会学在论述公共资源过度开发时的核心理论工具。1978年美国科学信息研究所宣布，该论文在社会科学引文索引和科学引文索引中是“领域内被引用最多的论文之一”。截至1997年6月，《公地悲剧》已再版100多次，被收录在生物学、经济学、社会学等10多个学科领域。然而国内学术界对“公地悲剧”理论的思想认识，几乎都锁定在公共资源产权不清导致的环境破坏现象，以及理论本身的反思和批判，对哈丁本人以及理论的来龙去脉很少有人提及。因此，“公地悲剧”理论的深层次内涵、学术脉络以及社会背景等被人们有意或无意地忽略了。

任何理论和思想的提出都与作者本身的研究经历以及社会背景相关，哈丁的“公地悲剧”理论自然也不例外。事实上，哈丁的理论重在揭示问题，而非解决问题，其理论揭示的问题与多数人的理解有所出入。问题分为三个层面：人口增长问题、无法实施产权问题，以及美国政体与个人主义文化对人口公地治理失效问题。该理论并没有提出解决方案，因此不少研究者将“公地悲剧”理论理解为“必须用产权来解决公地悲剧问题”，以至于将公共资源的产权划分理解为治理之路，这种观点实则简单套用、误解曲解了理论原意。事实上，我国也面临一些“公地悲剧”问题，或许我们有必要换个角度来重新解读该理论，对哈丁本身以及理论的来龙去脉，甚至包括整个美国社会的相关背景，重新进行有效整理和深度解读。

哈丁起初是从生物学、生态学等自然科学视角来思考“公地悲剧”问题的。在童年经历和博士研究生涯中，他对生态容量阈值都颇为关注。哈丁于1915年4月21日出生在美国得克萨斯州的达拉斯市，但他的童年多是在乡下的爷爷奶奶家，一个离密苏里州5英里远的家庭农场中度过的。农场的生活给予哈丁深刻的记忆，让他在早期接触了大量的生态学现象，感知到农场的生态容量阈值。整个博士研究阶段，哈丁虽然主要在做原生动物实验，但是始终保持着对比微生物学科范畴更大的人类生态学科的兴趣。比如他对物种数量（包括人口）非常敏感，认为受到生态系统的制约，盲目扩大某一物种的数量必将威胁整个生态圈。

在后续的研究生涯以及社会事务工作中，哈丁与人口问题研究结下了不解之缘。从在芝加哥大学读本科开始，哈丁跟随导师阿利[①]教授开始接触马尔萨斯人口理论。1942年，哈丁获得生物学博士学位，进入美国卡内基实验室工作，研究藻类如何增加食物供应。但他否定了自己做过的实验，认为增加食物供应不能解决根本问题，要从源头上控制人口数量。后续哈丁辞职，进入高校工作。1963年，他开始参与人口节育（堕胎合法化）等相关工作。1973年后，哈丁主要从事计划生育、人口控制等方面的工作，试图通过控制人口数量来保护环境。哈丁先后担任美国人口与环境平衡局主席及名誉主席、华盛顿特区环境基金会会长。“公地悲剧”理论正是源自哈丁长期以来对人口增长问题的高度关注。

早期的环境研究者大多将注意力放在了人口问题上。这确实和20世纪世界人口剧增有关。整个20世纪，美国人口一直在增长。1900年，美国总人口为7599.5万，1950年为15069.7万，1960年为17932.3万，2000年为28141.6万。一方面，20世纪美国人口保持着较高的生育率；另一方面，美国移民数量也在快速增加，二战后总计至少有6300万人移民美国。[②] 整个20世纪，全球人口增长达到峰值。14世纪50年代的

① 阿利（1885～1955年），芝加哥大学生态学教授。阿利于1929年当选美国生态学会主席，1942年被评为美国科学和技术科学院院士。

② 以美国为例，美国自二战后有三次移民潮（1945～1954年，1965～1972年，1992～2008年），二战后至少6300万人移民美国。

黑死病和欧洲大饥荒时期后，全球约有3.7亿人。二战结束后，从20世纪50年代起，全球人口增长速度明显加快，每年增长超过1.8%，这一状态持续到1970年。1963年世界人口增长了2.2%，达到了历史峰值。2011年，世界人口增长率约为1.1%。

哈丁对20世纪全球和美国"人口爆炸"现象尤为担忧。他坚持认为人口生育率高、移民增多等问题将给美国公地带来生态压力，全球性人口增长也将给世界带来农业危机、资源告罄、环境灾难等问题。同时，他认为以美国为主导的粮食、农业技术、生产工具、政策等方面的援助向第三世界国家的传播与扩散，表面是为了解决全球人口吃饭问题，实则促进了全球人口增长，破坏了生态平衡。如果不将人口控制作为根本措施，人类将面临悲剧。

哈丁认为20世纪的美国过于自信。回看20世纪，美国经济高速增长，"美国模式"已经形成。二战后，美国成为获益最大的国家，奠定了其称霸资本主义世界的基础。二战后的最初25年为美国称霸资本主义世界的鼎盛时期（1945～1969年）。20世纪60～70年代为美国资本主义迅速发展时期。20世纪80～90年代美国成为全球唯一的超级大国。也就是说，整个20世纪，美国由世界工业大国迅速发展为世界头号超级大国。同时新科学技术革命的兴起，推动了美国经济高度现代化发展。社会的快速变革和发展，促使很多美国民众坚信科学技术能解决一切问题。

和美国整个时代的自信不同，哈丁一生都有强烈的忧虑感。他认为美国在人口公地治理方面的悲剧是注定的。他意识到通过技术、美国政体来实现人口控制都是徒劳的，或许在很大程度上只有回到全盘私有制才有可能解决问题。但是美国又无法做到全盘私有，特别是海洋、空气等自然资源，无法用私有产权来界定。此外，建立在私有制之上的产权还有副作用，比如一些有公有资源利用传统的国家或区域，建立产权制度不仅劳民伤财，还可能制造新的环境问题。

哈丁认为控制人口才是解决环境问题的根本途径，但是美国人口控制问题与基督教、政治操作、个人权利等纠缠在一起，迟迟无解，成为世纪难题。同时，他坚称西方福利社会正在制造越来越多的人口，带来更多的环境风险。哈丁后续的人口控制社会事务举步维艰。首先，20世纪70年代末至80年代初，美国国家层面开始反对人口控制提议，逐步削弱人口和环境相关基金会的力量。其次，美国社会层面，绝大多数美国民众相信，科学技术能解决一切问题，包括人口问题。但哈丁认为这是不可能的。再次，很多美国民众认为，人口增长的生育现象属于人权范畴，国家与任何组织、个人都无权干涉。哈丁深感通过技术、美国政体、个人主义社会来实现人口控制都是徒劳的。他主张将一种悲剧感注入国家政体和社会情景中，以敲响警钟。

二 “公地悲剧”的理论内涵

因人口增长问题而兴起的“公地悲剧”理论研究，可以进一步划分为两个假设和三个方面的内涵。“公地悲剧”理论第一个层面的假设，认为任何物种（包括人口数量）在生态圈中占据更高的比例，都将带来生态不平衡，甚至是灾难。可以用一个故事进行比喻，在一片公共草地上，放牧者为了追求最大利益，在公地上饲养最多的羊群。羊群数量过多会超过草地生态容量阈值，过度消耗草地生态资源，导致失衡关系，最终造成生态系统灾难。1968年，哈丁在《科学》杂志上系统地阐述了其内在逻辑。[①] 放牧者在公地上多养了羊只，获得了更多的利益，却无须承担过度放牧所带来的环境后果。在这样的理性权衡下，他们只会做出同样的选择，即多养一只羊，再多养一只羊……个体理性带来了集体的非理性选择，导致整体利益走向毁灭。

“公地悲剧”理论第二个层面的假设，认为产权清晰是解决问题的根本出发点。它以美国资本主义经济体系作为分析背景，认为当产权不

---

① Garrett Hardin, “The Tragedy of the Commons,” *Science*, Vol. 162, 1968, pp. 1243 - 1248.

清时，市场经济社会中的现代人，都会尽可能地将有限资源转化为一己私利，不考虑公共利益。随着人口的增加，资源的供需关系逐步紧张，不受管理的公地终将导致生态环境问题。

"公地悲剧"理论包括以下三个方面的内涵：①美国社会严重缺乏公地管理传统且充斥大量产权不清现象；②20 世纪的全球人口增长加剧了公地资源利用的紧张关系；③产权制度管理体系以及美国政府都难以处理产权无法分割的公地问题。下面将详细展开三个方面内涵的论述。

第一，理论中的公地为"美国式公地"，其原生状态具有两个重要特点。其一，严重缺乏公地管理传统。随着美国"西进运动"，印第安人的公地利用传统文化基本消失殆尽。其二，美国社会充斥着大量产权不清现象。哈丁关注到美国国土的开放性，及其具有的公地属性。当越来越多的移民进入美国，公共资源权属不清时，极易产生"公地悲剧"现象。公共资源被增长的人口瓜分殆尽，环境问题却将由全体成员承担。

第二，哈丁坚持认为"公地悲剧"的根本原因是人的问题。一是人口增长问题，20 世纪中叶，人口增长引发的资源短缺问题受到关注，马尔萨斯的人口理论重新得到美国学者的认可。哈丁高度赞同马尔萨斯人口理论——当人口以"几何级数"增加时，必然超过世界生态的有限承载能力。二是人的理性问题，哈丁运用大量的生物学事实推导出人的利己性。他认为个体主要受到经济利益的驱动，越是面对自由的、不受规则约束的公地时，越容易采取掠夺集体资源的行为。

第三，20 世纪 60 年代，美国公地问题非常棘手，产权制度管理体系和美国政府均面临不同程度的困境。要解决公地问题，有两种方案。第一种方案，产权私有，即将公共资源私有化。此种方案通过创立一种私有财产权制度来终止公共财产制度，但却不能解决水、空气等无法分割产权的公地问题。第二种方案，产权国有化，即加强政府干预/控制。美国政府的干预能力受到人权保护的限制，[①] 特别是在人口控制方面，呈现无权也无意的特点。哈丁看到美国政府不仅难以控制人口数量，还借福利国家之手，制造了大量的闲散人口，加大了公地资源的消耗，更添了一抹悲剧色彩。

"公地悲剧"理论也饱受争议。该理论将产权作为问题讨论的起点，通过以美国为主的普遍性经济规则理解环境问题，虽然在商品经济时代很有解释力，但是忽略了不同历史阶段、不同国家的文化现象。美国历史学家亚瑟·麦克沃伊曾在《渔民问题》[②] 中直接质疑哈丁，用印第安人、欧洲移民及大公司相继利用和管理加利福尼亚的公共海域资源的案例，直接反驳了"公地悲剧"理论，他的研究案例没有形成"公地悲剧"，反而达成了一种公地共管的集体智慧。[③]

产权也嵌入制度和社群之内，是一种人与人之间、人与物之间的社会文化关系。换言之，私产绝不会单一地成为社会经济有效运作的核心。中国不少资源共管、社区管理的历史经验也直接反驳了"公地悲剧"理论。以宗族现象为例，宗族具有公共财产、连带责任、共通的行为方式等特点，通过宗族的长老会议，形成经验性的、约定俗成的社会共管。这种公地管理的经验，不但没有造成"公地悲剧"，而且将公地管理得井然有序。恰恰是盲目引进产权制度，容易造成传统共管格局混乱，既没有解决公地问题，又引发了新一轮的私地问题。

三 "公地悲剧"的学术脉络

接下来笔者将进一步厘清"公地悲剧"的学术脉络。在哈丁之前，

---

① 1967年下半年，美国的自由生育已受到法律保护，美国政府无权干涉个人生育自由，所以也就无权控制人口数量，无法按照哈丁的逻辑，通过控制人口数量来实现生态平衡。

② 《渔民问题》被誉为美国环境史领域的扛鼎之作，这本书荣获法律与社会协会、美国史学会、美国环境史学会、北美海洋史学会授予的优秀著作奖。这本书最显著的理论特点就是对哈丁的"公地悲剧"理论进行了反驳。

③ 高国荣：《美国环境史学研究》，北京：中国社会科学出版社，2014年，第392页。

西方学界对“公地”现象有零散的论述。哈丁在吸收前人观点的基础上，将公地理论进一步系统化。他以生物学、生态学专业为基础，融合了人口学、经济学、社会学以及伦理学等学科知识，最终形成了“公地悲剧”理论。该理论主要有三个学术来源：马尔萨斯的人口理论、达尔文的自然选择理论以及劳埃德的“公地模型”理论。

1. 马尔萨斯人口理论的影响

哈丁最重视的学术来源是马尔萨斯的人口理论。20 世纪 30 年代，哈丁在其本科导师阿利教授的影响下，系统研读过马尔萨斯的人口理论著作。他曾多次谈到，“公地悲剧”理论的形成，主要得益于马尔萨斯的人口理论。晚年的哈丁仍对全球人口增长极度担忧，他在《生活在极限之内：生态学、经济学和人口禁忌》一书中再次呼吁重视马尔萨斯的人口理论。

马尔萨斯的人口理论在内容上分为四个方面。①“两个公理”。食物为人类生存所必需；两性之间的情欲是必然的，人口繁衍现象不会停止。②“两个级数”。当人口以几何级数增加、生活资料以算术级数增加时，人口增长的速度必然超过生活资料增长的速度。③“两种抑制”。“积极的抑制”和“道德的抑制”是控制人口增长的有力手段。④“人口规律”。人口必然为生活资料所限制。[①] 总体来说，马尔萨斯认为人口与生活资料间的不平衡 - 平衡 - 不平衡的过程是自然规律。他反对平等制度与济贫措施，认为这些对解决人口问题都是无效的。

哈丁正是受到马尔萨斯人口理论的启发，从人口增长角度引出公地问题。他认为马尔萨斯人口理论的最大贡献不是几何数级和算术数级，而是种群数量调节器（见图 1）。其大致意思是，自然选择有利于提高物种的合理性，如果人类坚持干预已经超过承载力的自然夭折率，那么他们必须采取措施来平衡干预。比如在降低穷人生育率的前提下，

---

① 马尔萨斯：《人口原理》，朱泱、胡企林、朱和中译，北京：商务印书馆，1992 年，第 7、9 页。

再对穷人进行帮助。[①] 马尔萨斯和哈丁都坚信，人口必然为生活资料所限制。正是人口数量超过环境承载力，才引发了公地问题。

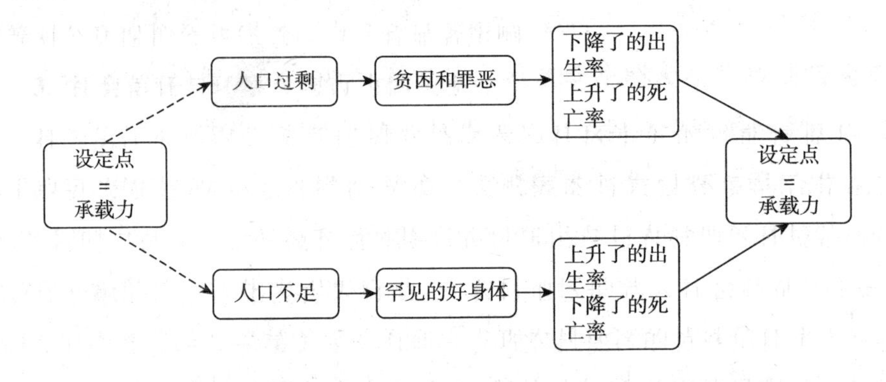

图 1　马尔萨斯的种群数量调节器理论

说明：哈丁认为此图是马尔萨斯理论的核心，在这个“时间叠加”的图形中，虚线箭头代表外加的随机变化；实线箭头代表控制系统固有的必要改变及对所施加的改变的回应。

公有制也是“公地悲剧”问题的原因，马尔萨斯和哈丁都认为公有制会降低社会总体的效率。马尔萨斯曾极力反对葛德文主张的社会改革，认为公有制会使人懒惰，失去进取的动力。他极力反对英国的《济贫法》，认为救济贫民会导致人口与生活资料不平衡。哈丁简要对比了公有制和私有制，同样认为在公有制中，个人责任被“按需分配”规则大大淡化，一旦短缺出现，灾难是必然的。[②] 为了避免国家机构可能产生的官僚主义，一个较小的单元，如私营企业，其管理成本和后果由同一主体来承担，产生与其成本同等或更大的收益和价值，是比较妥当的做法。在私有制下，牧场和牲畜都为同一人所有，他将会把“沙漠变成花园”。由此可以看出，他们两人都倾向于用私有制来解决公地问题。

哈丁继承了马尔萨斯的经验主义以及悲观主义。马尔萨斯是自然

① 加勒特·哈丁：《生活在极限之内：生态学、经济学和人口禁忌》，戴星冀、张真译，上海：上海译文出版社，2001 年，第 257 页。

② 加勒特·哈丁：《生活在极限之内：生态学、经济学和人口禁忌》，戴星冀、张真译，上海：上海译文出版社，2001 年，第 344 页。

科学专业背景，身上有英国经验主义的传统，在研究社会问题时，不拘泥于一般原理，更重视经验。他花了几年时间对欧洲诸国进行实地考察，以经验推导出人口的历史、现状与未来。[①] 哈丁亦是如此，他见证了美国人口增长与移民问题，也做过印第安人口控制的研究项目。他亲身感受到20世纪全球人口增长问题，所以以自己的经验将人口问题放在讨论的核心位置。马尔萨斯对社会发展前景毫无信心，哈丁对环境问题的改善也毫无信心，他们都是典型的悲观主义者。

2. 达尔文自然选择理论的影响

"公地悲剧"理论的多数论据受到达尔文学说的影响。事实上，那个时代的很多自然科学和人文社会科学学者都受到了达尔文的影响。哈丁本科期间的绝大多数老师都是达尔文学说的支持者、传承者，比如他的本科老师，美国遗传学家赖特通过群体遗传学和数量遗传学理论再次阐明某些由小群体形成的大群体发生高速进化的原因。20世纪50年代以后，美国的基因研究再次验证并发展了达尔文学说。[②] 所以，作为20世纪新生代的生物学研究者的哈丁，自然深受达尔文的影响。在达尔文学说的诸多观点中，他高度赞同自然选择、物竞天择、优胜劣汰、适者生存、不适者淘汰等自然选择理论观点。

哈丁认为，从马尔萨斯到达尔文，他们都在强调一个事实，"利他行为"的本质是利己，即满足生物性的自我进化。他坚决反对用一些简单的生物学现象来推导、论证人类是利他主义的或人类形成了"利他性社会"。哈丁认为这些误读了达尔文自然选择理论。他举了一个例子，蟋蟀母亲让小蟋蟀们吃掉她，并不是因为利他，而是因为这样可以使基因延续并更加繁荣，归根到底还是利己主义行为。

为了进一步把"公地悲剧"理论讲清楚，晚年的哈丁继续论证利

---

① 马尔萨斯：《人口原理》，朱泱、胡企林、朱和中译，北京：商务印书馆，1992年，第4页。

② 逻辑如下：基因是控制生物性状的基本遗传单位，也是自然选择的基本单位。好的基因组合才能够成功扩增，生物一定会选择能使更多的基因生存和复制的策略，以实现生物的进化。

己主义存在于一切生物的事实。他借用了达尔文的原话，“不存在物种间纯粹的产生重大结果的利他主义”。[①] 他认为，每一种类型的利他主义中，总存在着交易方被欺骗的可能性。越不是个人关系，欺骗的可能性越大。[②] 正如哈丁“公地悲剧故事”的原型一样，没有建立公地管理规则，或公地管理成本较高，在权属不清的混乱阶段，公地之上的个人为了追求私人利益，不惜破坏集体利益。

和达尔文有所不同，哈丁逐步走向人类生态学方面的研究。他主张世界上许多生态问题就是超过承载能力的生物种群造成的，人口数量和其他物种数量一样，受到生态学的“自然承载力”影响。他通过“公地悲剧”理论告诫人们，世界的承载能力是有限的，人们要为不超出承载能力而小心翼翼。

3. 劳埃德“公地模型”理论的影响

“公地悲剧”理论最直接的学术来源是劳埃德的“公地模型”理论。事实上，劳埃德也是在马尔萨斯人口理论的基础上发展出“公地模型”理论[③]的。劳埃德也是马尔萨斯人口理论的拥护者。1833年，劳埃德在“关于控制人口”的两堂讲座中，引入“公地”概念，创造性地阐述了一个初步的“公地悲剧”理论。在反复阅读讲座整理稿后，哈丁认为劳埃德最根本的贡献在于他将公地理论应用于人口问题。[④]

在劳埃德的基础上，哈丁继续深化公地理论，阐述人口“公地现象”。他认为，正是因为19世纪“福利国家”诞生，自由主义观念盛行，西方社会不再有要求生育谨慎的法令。“孩子生下来以后，本来是一个家庭的事情，但现在越来越由社会福利来承担这个责任，所以就导

① 加勒特·哈丁：《生活在极限之内：生态学、经济学和人口禁忌》，戴星冀、张真译，上海：上海译文出版社，2001年，第362页。

② 加勒特·哈丁：《生活在极限之内：生态学、经济学和人口禁忌》，戴星冀、张真译，上海：上海译文出版社，2001年，第366~375页。

③ Lloyd W. F.，“On the Checks to Population,” *Population and Development Review*, Vol. 6, No. 3, 1980, pp. 473 – 496.

④ 加勒特·哈丁：《生活在极限之内：生态学、经济学和人口禁忌》，戴星冀、张真译，上海：上海译文出版社，2001年，第347页。

致了人口增长问题……过错不在于个人，而是在于个人（个人主义）组合而成的社会结构，一种公地的悲剧。”[①]

哈丁从生物学的视角出发，融合了马尔萨斯、达尔文、劳埃德等学者“适者生存”的观点，认为人口抚养责任应该由家庭来承担，而不是由福利社会来承担。生孩子本是一件私人的事情，在美国却由越来越多的社会组织、福利机构来承担家庭人口抚养的功能，这样持续的结果是，一个家庭继续繁衍更多人口的冲动不会被打消，人口剧增导致的生态失衡问题就会持续下去。

纵观哈丁的学术脉络，他认为改变“公地悲剧”的根本思路是人口控制。他用“救生艇伦理”加以说明，即顺应自然选择，遵从人口或种群数量调节器法则，不应该对过剩人口进行无谓的帮助，干扰人口数量与生态关系。否则，人类就会面临人为制造出的“救生艇沉没”[②]的集体悲剧。晚年的哈丁回顾自己为人口控制所做出的努力时，认为很多是徒劳的，所以他便在劳埃德“公地理论”后面加上沉重的“悲剧”二字，并认为1968年的“公地悲剧”概念经受住了时间的考验。

四　理论反思与局限

哈丁“公地悲剧”理论成为传统公共事务理论中最具解释力的三大模型之一。[③] 他的学术贡献在于提出了一个时代性的问题，质疑了个人、企业组织和市场机制在公共事务问题上的失灵。早期的哈丁希望从国家政府组织中寻求答案，但从20世纪70年代开始，经历了长达40

---

① 加勒特·哈丁：《生活在极限之内：生态学、经济学和人口禁忌》，戴星冀、张真译，上海：上海译文出版社，2001年，第386页。

② 参见哈丁的反援助观。从救生艇伦理出发，哈丁建议发达国家拒绝来自贫穷国家的移民，因为移民会给其带来灾难。不仅如此，发达国家还应该停止对贫穷国家的人道主义援助。因为援助不仅不会使贫穷国家脱离苦海，相反会使其人口增加，最终连累发达国家以及整个人类的生存和发展。

③ 哈丁的“公地悲剧”理论、囚徒困境模型以及奥尔森的集体行动逻辑，共同构成传统公共事务理论中最具解释力的三大模型。

年的人口数量控制事务工作之后，他对美国政府组织的人口干预效果表示失望。他认为产权制度难以处理无法分割的公地领域，而美国政府受限于生育自由文化，也无法处理人口增长等公地问题。哈丁看不到合适的解决方案，所以“悲剧”二字是注定的。

针对“公地悲剧”与环境问题，后续最有影响力的研究当属奥斯特罗姆在1990发表的《公共事物的治理之道》。她指出哈丁的解决方案不是市场的就是政府的，而且得出的结论往往是悲观的，她怀疑仅仅在这样两条途径中寻找解决方法的思路的合理性。她的研究主张冲破了公共事务职能由政府管理的唯一性教条，冲破了政府既是公共事务的安排者又是提供者的传统教条，提出了公共事务管理可以有多种组织和多种机制的新看法。

奥斯特罗姆在理论与案例结合的基础上提出了通过自治组织管理公共物品的新途径，但同时她也不认为这是唯一的途径，因为不同的事物都可以有一种以上的管理机制，关键取决于管理的效果、效益和公平。多中心理论对中国有很大启示，因为这有助于解答什么制度才能促进公共资源的有效共享问题，在中国这种既有传统的公地共管经验文化，又保持着政府对经济的高度参与，同时还建立起市场机制的国家，这种“第三条道路”的治理理论，就显得格外适合国情。

而“公地悲剧”理论因“私有产权”和“公有产权”的讨论而备受争议。该理论将情景放在了资本主义社会，也将“私有产权”体系作为资本主义的重要前提假设，认为当资本主义社会遭遇大气、海洋等无法条块分割产权的公地时，便容易发生悲剧。事实上，私有产权既非经济和技术效率的充分或必要条件，也非生态保护和治理的重要前提，鼓吹资本主义发展与私有产权有着密不可分关系的人，除了意识形态因素外，还往往涉及西方历史进程以及人性假设。所以相比于奥斯特罗姆的“公共池塘”理论，“公地悲剧”理论和中国社会背景是有一定距离的。

当我们仔细回看私有产权制度时，会发现其实是西方的历史文化进程构造了私有产权制度，也可以说私有产权制度是西方复杂的政治和社会规范的结果。私有产权的核心特征就是排他性，以排拒他人使用来界定未私有的资产，常常需要动用暴力。英国乃至欧洲 16 世纪开始的“圈地”运动，便是新兴工商业资本家把本来属于公众的土地划归私有，使农民变成“无产者”。私有产权的界定中谁得益、谁受损，一目了然。美国的土地私有化，基本上也是殖民者以政治手段和暴力巧取豪夺实现的。

整个 20 世纪，私有产权制度逐步演变为西方人生活方式的重要基础。二战以后，美国人的生活不断发生改变，到 20 世纪 70 年代，绝大多数美国人不仅拥有世界最高水平的物质条件，还对私人居住空间、私人物品等格外强调。同时，大众传媒文化对私有产权制度和观念的鼓吹，更加巩固了美国人利己主义的意识形态。所以多数美国人有理由认为，公共领域的事务之所以一团糟，就是因为没能够确定好私有产权的权属责任。只要能够确定私有产权的权属责任，社会秩序和生态环境就会发展良好。

因此，站在更高的人类社会演进的角度来看，私有产权制度并非理所当然，早期“公地悲剧”暗含的前提假设是有争议的。哈丁为这种私有观念进行辩护，并积极论证“私有”观念是人作为生物人的基本要素。但是这种直接将生物性推导到人类社会，将产权作为人们行动逻辑的起点，将私有观念作为人性的基础，缺乏不同社会类型的历史阶段比较，有一定的局限。

上述是“公地悲剧”理论的局限，但不可否认，在很大程度上，该理论也有不可磨灭的贡献。哈丁的贡献在于，他揭示出美国社会一个非常具有破坏性的时代问题。20 世纪 60 年代末，美国社会不断破坏公共领域的风气已经发展到了极致。[①] 哈丁认为悲剧就在于无法进行私有

---

① 威廉·曼彻斯特：《光荣与梦想：1932～1972 年美国社会实录》，广东外国语学院美英问题研究室翻译组译，海口：海南出版社、三环出版社，2004 年，第 6～25 页。

产权形式改造的公地属性，既没有私人花园式的维护，也没有国家或政府的管制。由于缺乏合适的产权安排或者管理制度，公地之上的理性个体会竞争性地开发资源，最后生态圈遭受破坏，从而造成集体利益受损的“公地悲剧”的结局。

综上所述，哈丁的重要贡献就是将美国社会的一个时代问题揭示出来，他的理论情景是美国式的，其问题本质也是美国式的，不能剥离美国社会情景去理解这一理论。后续一些将产权制度直接拿来解决“公地悲剧”的做法，就是没有很好地理解该理论，导致公地问题解决的过程中还产生了一定的副作用，甚至造成“私地悲剧”等后果。[①] 本文把“公地悲剧”理论的缘起、内涵、学术脉络以及社会情景进行重新梳理，是为了进一步呈现问题的本质以便解决“公地悲剧”问题。应该把“公地悲剧”理论放在不同国家情景下去理解，结合本国的国情来采用。

① 陈阿江、王婧：《“游牧”的小农化及其环境后果》，《学海》2013年第1期。

“寂静的春天”：理论内涵、思想渊源及社会影响

唐国建[*]

摘　要：作为一个概念，“寂静的春天”反映了人类滥用杀虫剂等有毒化学物质而导致本该生机盎然的春天变得死寂的一种现象。在美国20世纪经济高速发展的同时，对传统人类中心主义的批判以及生态危机的日益严峻让人们重新定位人与自然的关系。作为生态中心主义思想中最具启迪性的代表之一，“寂静的春天”不仅改变了现实中有毒化学物质的滥用状况，引领着世界环保运动，而且促成了学术界的生态反思热潮。

关键词：“寂静的春天”　DDT　环境保护

引　言

尽管“寂静的春天”这个词语最初是以书名的形式而被人们所熟知，但《寂静的春天》出版之后的影响却让这个词语成为一个拥有丰

* 唐国建，哈尔滨工程大学人文学院副教授，研究方向为环境社会学。

富思想内涵的概念。1962年《寂静的春天》在争议中正式出版，而由它引起的关于杀虫剂与环境污染的大讨论以及相伴随的环境保护运动一直延续至今，所以当美国著名刊物《时代》周刊在2000年第12期即20世纪最后一期将蕾切尔·卡逊评选为20世纪最有影响的100个人物之一时，“寂静的春天”这个概念不仅再次唤醒了即将进入21世纪的人们的环境保护意识，也再次引发学术界对人与自然关系的大反思。可以说，人类社会的发展理念从20世纪70年代开始的注重“发展侧”的“可持续发展”，到如今注重“生态侧”的“绿色发展”，[①]“寂静的春天”及其思想内涵不仅在其中起着至关重要的推动作用，而且它自身也在其中不断地自我完善。那么，“寂静的春天”这个概念究竟反映了什么现象？它有怎样的思想内涵，又是如何产生的？在产生之后，它又发挥了怎样的影响？对这些问题，基于《寂静的春天》及其社会影响和卡逊的生平背景，本文将在阐述这个概念的“前生今世”中逐一给出解答。

一 什么是“寂静的春天”

春天本是一个生机盎然的季节。但果树林中百花盛开，却没有飞来飞去的蜜蜂授粉采蜜。山间、田野和树林中听不见各种鸟儿的合唱与虫儿的鸣声，本应蜂拥而至的候鸟也不见其踪影。从山中流出的小溪不再洁净，没有鱼在溪水中游荡，而饮用这种溪水的动物都会得各种莫名的疾病。母鸡孵不出小鸡，新生的猪仔还未长大就死去了。空气中弥漫着刺鼻的味道，一种白色的粉粒像雪花一样飘落在屋顶、草坪、田地、池塘和小河上。孩子们不再在旷野中嬉闹玩耍，人们莫名其妙地患上了各种奇怪的疾病，并不断地死去。这个被生命抛弃了的春天，被美国环境保护运动的先驱蕾切尔·卡逊称为“寂静的春天”。在《寂静的春天》

① 郇庆治：《国际比较视野下的绿色发展》，《江西社会科学》2012年第8期。

一书中，她用大量的科学数据和案例事实论证了正是人类的某些行为导致了这种现象。

在学术上，作为一个隐喻词，“寂静的春天”的含义有狭义与广义之分。狭义地理解，“寂静的春天”是指大量的鸟类、昆虫等生物因人类滥用杀虫剂等有毒化学物质而被毒杀，进而导致本该生机盎然的春天变得死寂的一种现象。在这个意义上，“寂静的春天”展现的是人类在大自然中滥用DDT（Dichloro Diphenyl Trichloroethane的缩写，又叫滴滴涕，化学名为“双氯苯基三氯乙烷”）等有毒化学药剂所导致的生物性影响。广义地理解，“寂静的春天”是指人类对自然的肆意破坏而导致包括人类在内的整体生态系统失衡的后果。

人类在自然界滥用有毒化学物质的生物性影响是渐进式的。首先，人们使用DDT等合成杀虫剂的目的是消灭“害虫”（pest），保护农作物。在人类农业发展史上，蚜虫、白蚁、蝗虫等昆虫，内稗草、鸭舌草、水苋菜等野草，以及老鼠、野兔等啮齿动物在现代日常用语中都被称为对农作物有害的生物。20世纪40年代以来，蓬勃发展的现代化学工业至少创造出了200多种化学物品来“消灭”这些有害生物。1942年正式投入市场的工业合成杀虫剂DDT就是这些化学物品的典型代表。DDT不仅能毒杀“害虫”，而且还能防止鼠疫、黄热病、疟疾等瘟疫，因而被英国前首相丘吉尔称为“神药”。正是这些化学物品所产生的巨大效益，使得它们在二战之后被世界各国大量生产且广泛应用。其次，因为杀虫剂无法自主做出只毒杀“害虫”的选择，所以大规模喷洒杀虫剂的结果实际上是自然界中所有接触到的生物都被无差别地毒杀。砷、氯化烃、对硫磷等是让各种杀虫剂和除草剂产生巨大生物效能的核心化学物质，也是这类化学药物中最具毒性的基本成分。当这类化学药物以喷雾剂、粉剂等形式普遍用于农场、园地、森林和住宅时，这些有毒物质就对每一种“好的”或“坏的”生物发挥巨大的药力，要么直接毒杀，要么破坏生物内在的生理机制。进而，在食物链的作用下，这些有毒物质进入以花草、昆虫等为食的鸟类、鱼类或爬行类动物身体中，弱小的生物直接死去，强大的生物则变得虚弱。最后，砷、氯化烃、对硫磷等有毒化学物质的可积聚性在食物链的运行规律作用下积聚于生物体内、渗透进植物根系和土壤、溶解在山川水系，其毒性影响了包括人在内的整个自然生态系统，于是就出现了由静谧的森林、“死亡”的河流、空寂的旷野所构成的“寂静的春天”。

作为自然生态系统中的一员，人类及社会最终都会不可避免地尝到自然环境变化的恶果。首先，对人类个体来说，由于大规模地喷洒杀虫剂和除草剂，人们在日常生产生活中直接接触到这些有毒物质的概率提升，呕吐、恶心、头晕等急性中毒症状在那些抵抗力相对弱的小孩和老人身上经常出现。随后，这类化学药物的有毒成分藏在各类食物中，进而出现在人们的餐桌上，所有进入人体内的砷、有机磷酸酯等物质都会积聚于血液、肝肾等器官中，进而破坏人体的生物机能，让人们患上各种疾病，甚至通过破坏染色体而导致遗传基因的突变。[①] 最后，在杀虫剂和除草剂的应用所带来的巨大经济效益面前，化学工业巨头、农场主、政府官员等受益群体通过各种方式促使这些化学药物进行更多地生产和更广泛地使用，伴随的是生态系统的日益恶化和更多的人受到毒害。因此，与“沉寂”的大自然相反，因这些化学药物而分化出的不同社会利益群体之间爆发了“喧嚣”的对抗。

作为一个具有丰富想象力和感染力的词语，“寂静的春天”不仅揭示了人类不当行为所带来的环境恶化现象，更唤醒了人们重新去审思人与自然之间的关系，使得人与自然和谐共存的发展理念初入人心。这是20世纪50～60年代欧美生态中心主义思想的核心主张，这种主张在卡逊那里具体体现为她的“自然平衡观”，即自然界中没有任何孤立存在的东西，相互联系、相互依赖和相互制约的万事万物遵循大自然自身严格的内在构成和奇特的运行规律而处于一种活动的、永远变化的、不

① 蕾切尔·卡逊：《寂静的春天》，吕瑞兰、李长生译，上海：上海译文出版社，2011年，第20～23、36页。

断调整的平衡状态中，而人作为这个平衡状态中的一分子，任何无视大自然平衡的人类活动必将对人自身产生不利影响。[①] 因此，卡逊将人类滥用化学药物所导致的大自然失衡现象概括为“寂静的春天”。

二 “寂静的春天”思想产生的社会背景

（一）20 世纪中期的美国

纵观美国200多年的历史，蕾切尔·卡逊的一生（1907～1964）正是美国发展的鼎兴时期。

第一次世界大战之前，凭借丰富的自然资源、良好的内外部发展环境、第二次科技革命的影响等助力，经东部工业化的快速发展和以西部开发为特色的农业现代化，美国实现了现代化，并在经济总量上开始超越世界上其他传统强国。第一次世界大战期间，美国不仅因欧洲对其产品的需求增加而实现了经济高速增长，而且凭借短暂的参战而获得了战胜国的政治地位。“人类历史上规模最大、最可怕的战争发生之时，也是美国跃升为世界领先地位的重要时刻。”[②]

一战后，美国经济再次经历短暂的繁荣，之后很快衰落并爆发了影响全世界的1929～1933年的经济大萧条。尽管罗斯福新政未能终结大萧条，但它还是有效阻止了1933年灾难性的经济滑坡。“第二次世界大战对美国国内生活最深刻的影响就是结束了经济大萧条。”[③] 不仅如此，美国还因为战争损失小于其他国家，以及作为战胜国所获得的威望而在战后一举成为世界上最繁荣、最强大的国家。

---

① 蕾切尔·卡逊：《寂静的春天》，吕瑞兰、李长生译，上海：上海译文出版社，2011年，第243页。

② 艾伦·布林克利：《美国史（Ⅱ）》，陈志杰、杨昊天等译，北京：北京大学出版社，2019年，第928页。

③ 艾伦·布林克利：《美国史（Ⅱ）》，陈志杰、杨昊天等译，北京：北京大学出版社，2019年，第1075页。

之后，美国社会进入五六十年代的黄金时期，“美国社会五六十年代最显著的特征之一就是经济蓬勃发展，二十年代的迅猛发展与之相比都黯然失色”。[①] 但同时“另一个美国”也展示了完全不同的一面：快速城市化导致的农村贫困和城市贫民窟、反对种族隔离和种族歧视而兴起的民权运动、生态危机与民众环境安全意识的提高而引发的新一轮环境保护主义浪潮等。经济发展的黄金时期诞生的“垮掉的一代”（Beat Generation）就是这个矛盾社会的最好证明。

对于大多数美国人来说，生活于如此波澜壮阔又跌宕起伏的历史时期既是幸运的，也是不幸的。幸运的是，他们躲过了战争的灾难，并且见证了美国经济的腾飞和繁荣；不幸的是，他们不仅经历了经济萧条所产生的失业恐慌，也遭受了沙尘暴、水污染、城市烟雾、有毒食品等环境恶化结果的侵害。同样，对于卡逊来说，这个矛盾的社会造成了卡逊生前的苦难，也成就了她去世后的辉煌。

（二）科技支撑的经济发展与赞美自然的资源保护

19世纪结束时，自然科学领域的根本性变革让人们认识到：塑造未来世界的是科学。这种认识在20世纪前半叶得到了证实，在这50年中，近4个世纪的科学研究成果得到了快速且充分的利用，尤其是诸如化学物理学、分析化学、生物化学等新兴交叉学科的产生及应用，使得人类整体都迷失于科学的成就中。人们的日常生活和习惯，甚至人类文明的整个面貌都因此发生了改变。[②] 卡逊在《寂静的春天》中能够使用科学的论证逻辑和实验数据来阐述其观点，无疑也是受益于科学技术的发展。

---

① 艾伦·布林克利：《美国史（Ⅱ）》，陈志杰、杨昊天等译，北京：北京大学出版社，2019年，第1141页。

② C. L. 莫瓦特编《新编剑桥世界近代史·第12卷，世界力量对比的变化：1898—1945年》，中国社会科学院世界历史研究所组译，北京：中国社会科学出版社，2018年，第93～100页。

科学技术的进步为美国的农业现代化与工业现代化提供了加速器，但伴随经济高速发展的往往是自然资源的快速消耗和生态环境的日益退化。例如 1917 年问世的链锯，“用链锯伐木的速度是用斧头的 100 或 1000 倍。……数以百计像链锯一样平淡无奇的低端技术改写了 20 世纪的环境史”。[①]

卡逊最先感受到的应该是美国东部工业化所带来的环境污染。1914～1918 年的第一次世界大战改变了世界经济格局，在欧洲各国经济严重失调的同时，美国经济却出现了规模空前的短暂繁荣。1913～1920 年，欧洲总人口实际减少了 200 万人，制造业产量下降了 23%，而美国制造业在此期间却增长了 22%。[②] “贝西默转炉炼钢法及马丁平炉炼钢法的发明、应用和不断改进带来了美国钢铁工业的崛起。”[③] 作为现代工业发展的重要基础，钢铁业的发展带动了交通运输、能源和机器制造等重工业的快速发展，而电力机械的应用无疑为工业生产增添了更大的动力。宾夕法尼亚州的哈里斯堡在美国工业化初期的 1850 年就成为美国的制造业中心，尽管 1890 年制造业中心转移到了俄亥俄州中部的坎顿附近，但制造业的发展给宾夕法尼亚州所带来的经济影响和环境污染在 20 世纪初期仍然是很严峻的。1900 年卡逊的父母在宾夕法尼亚州泉溪镇西区定居并购买了一大片土地，流经该区的阿勒格尼河以及周边的山林仍然保持着比较传统的田园风光。但这种境况实际上已经开始被无情的工业机器所破坏，“大地留下疤痕、大气遭到污染、河流漂浮垃圾”。卡逊依稀记得童年时期小镇火车站边上的胶厂经常发出难闻的气味。而当成年的卡逊到离家 16 英里远的匹茨堡的宾夕法尼亚州女子学院上大学时，“匹茨堡成为赫赫有名的世界钢铁之都所

① J. R. 麦克尼尔：《阳光下的新事物：20 世纪世界环境》，韩莉、韩晓雯译，北京：商务出版社，2012 年，第 315～316 页。

② C. L. 莫瓦特编《新编剑桥世界近代史 · 第 12 卷，世界力量对比的变化：1898—1945 年》，中国社会科学院世界历史研究所组译，北京：中国社会科学出版社，2018 年，第 58 页。

③ 付成双：《美国现代化中的环境问题研究》，北京：高等教育出版社，2018 年，第 50 页。

付出的代价是制造出肮脏的大气和污染的水源”，“蕾切尔在该学院就读的4年期间，匹茨堡的大气变得越来越污秽，有时浓重的煤灰几乎可以遮天蔽日”。[①] 可能正是这样的经历让卡逊对环境保护给予了特殊的关注。

经济发展所带来的环境后果引起了人们的关注，自然资源保护运动在这一时期表现得尤为抢眼。19世纪末期之前，美国自然资源开发和使用相关的法规政策都是“以先占权为基础的资源开发政策”，鼓励自由开发和无限使用，如1862年的《宅地法》、1872年的《采矿法》、1873年的《植树法》等。对于农场主而言，土地上的森林不是资源，而是建立农场的障碍。所以，“到1920年，美国东北部和中西部已经失去96%的原始森林”。[②] 面对日益枯竭的资源和不断恶化的自然环境，涌现出许多反思人与自然关系的代表性人物，如著有《人与自然》的现代环境主义先驱乔治·帕金斯·马什（George Perkins Marsh）、受梭罗影响的自然保护主义者代表约翰·缪尔（John Muir）等。在这些先驱的推动下，美国在19世纪末至20世纪20年代掀起了大规模的资源保护运动。1891年，美国国会在废止《植树法》的同时，通过了授权总统可以用行政告示的方式宣布联邦任何公共土地为森林保留地的《森林保留法》，这一事件被看作北美资源保护运动的转折点。[③] 1901年，被誉为“美国保护主义的急先锋”[④] 的西奥多·罗斯福（美国第26任总统，任期为1901～1908年）就任总统之后，自然资源保护问题成为政府工作头等重要的大事，而对森林资源的保护则在所有保护政策中占据了首要地位。

---

① 林达·利尔：《自然的见证人：蕾切尔·卡逊传》，贺天同译，北京：光明日报出版社，1999年，第4～25页。

② 付成双：《美国现代化中的环境问题研究》，北京：高等教育出版社，2018年，第366页。

③ 付成双：《美国现代化中的环境问题研究》，北京：高等教育出版社，2018年，第400～402页。

④ 威廉·贝纳特、彼得·科茨：《环境与历史：美国和南非驯化自然的比较》，包茂红译，南京：译林出版社，2008年，第76页。

但是很明显，这一时期的自然资源保护运动与20世纪60～70年代的环境保护运动有着本质的差别，即政府的行动本质上仍然是为了保证经济的持续发展，而民间的行动更多的是基于赞美自然需求的倡导，其目的并不是真正要保护自然环境。卡逊的母亲玛丽亚·卡逊显然深受这一时期资源保护主义思想运动的影响。在卡逊的童年时代，母亲不仅让其阅读自然研究的倡导者弗洛伦斯·梅里亚姆·贝利、安娜·科姆斯托克等人为儿童及青少年撰写的关于生物的自然科普书籍和文章，而且经常带她去泉溪镇野外的树林和果园里散步、寻找泉水、给花鸟和昆虫起名。儿时的这种经历，塑造了卡逊敏锐的观察力和对细节的关注，更重要的是，她从母亲那里接受了赞美自然和尊重野生动物的精神力量。在《寂静的春天》出版之前，让卡逊声名远播的《环绕我们的大海》（1951年）、《海边》（1955年）等都是在赞美自然。

但基于赞美自然需求的民间力量是薄弱的。最典型的案例就是1906年关于是否在赫奇山谷建造水坝的争论。代表民间审美派的、身为罗斯福总统的朋友且自身也拥有相当大号召力的自然保护主义者约翰·缪尔反对建造大坝，功利派的官方代表——自称“自然资源保护者”的国家森林管理局局长吉福德·平肖赞成建造大坝。“这场争论耗尽了缪尔的余生”，也“葬送了他”，因为争论的结果是在1908年公民投票中旧金山居民以绝对优势通过了建造大坝的提案。[①]“在这个意义上，‘资源保护主义’与美国的资源利用有限思想是非常一致的，有效利用资源是为了追求商品产出的最大化而不是要在农地上维持物种的多样性。”[②]

（三）高科技生化农业、大众传媒与环保主义运动

相比于缪尔的结局而言，卡逊是幸运的。1963年，美国环境危害

① 艾伦·布林克利：《美国史（Ⅱ）》，陈志杰、杨昊天等译，北京：北京大学出版社，2019年，第874～876页。

② 威廉·贝纳特、彼得·科茨：《环境与历史：美国和南非驯化自然的比较》，包茂红译，南京：译林出版社，2008年，第77页。

委员会在参议院召开关于杀虫剂的危害与控制的听证会，卡逊就环境污染问题，尤其是杀虫剂对自然的污染做了40分钟的陈述，听证会主持人、参议员阿伯拉罕·科比科夫肯定了卡逊的论点："毫无疑问，是你唤起了公众对杀虫剂的警觉。"而另一位参议员格鲁宁则预言《寂静的春天》与《汤姆叔叔的小屋》一样会改变历史的进程。[①] 随后，在20世纪60年代全美关于杀虫剂的大讨论中，支持卡逊的环保主义者们也获得了最终的胜利。

卡逊关于杀虫剂危害的辩护之所以获得肯定，以及《寂静的春天》问世之后之所以能引起全美国轰动，是因为当时的美国社会为其提供的三大助力：问题源头的高科技生化农业、传播争议的大众传媒和日益壮大的环保主义。

美国农业现代化的三大要素是生产工具的机械化、生产技术的科技化和生产方式的专业化。

早在20世纪20年代，以燃油为动力的拖拉机的广泛使用就标志着美国农业机械化的实现。机械化意味着劳动效率的提高和生产成本的下降。1英亩玉米的生产时间由手工操作的38小时45分下降到机械化生产的15小时7.8分，生产费用也从3.63美元下降到1.51美元。发展到1960年，美国农场上有拖拉机468.8万台、卡车283.4万辆、谷物联合收割机104.5万台、玉米收获机79.2万台、捡捆机68万台、牧草收割机31.6万台。[②] 农业机械化的结果不是土壤污染，而是土壤破坏。尽管20世纪30年代美国南部大平原的沙尘暴灾难的发生有多重原因，但机械化的强力耕作肯定是其中的主因之一。[③]

污染土壤、污染农作物进而导致有毒食物是农业生产技术高度科

---

① 林达·利尔：《自然的见证人：蕾切尔·卡逊传》，贺天同译，北京：光明日报出版社，1999年，第386页。

② 付成双：《美国现代化中的环境问题研究》，北京：高等教育出版社，2018年，第64页。

③ 参见沃斯特《尘暴：1930年代美国南部大平原》，侯文蕙译，上海：上海三联书店，2003年，第111~117页。

技化的一个结果。农业生产技术改良的初衷是提高粮食作物产量，以动植物品种改良为核心的农业绿色革命和以化肥、杀虫剂、除草剂为主的生物化学农业技术都是为了实现这一目标。“与机械化相互呼应的是绿色革命，这是一次主要依靠育种形成的农业重大突破。……绿色革命造就了大宗高产的农作物品种，主要是小麦、玉米和水稻。”“1930 年，美国播种的玉米只有 1% 是杂交品种，……1950 年是四分之三，1970 年是 99%。美国玉米的产量提高到 20 世纪 20 年代水平的 3 到 4 倍。”[①] 当然，农作物产量的提高是离不开提升土地肥力的化肥和消除病虫杂草的化学药剂的。号称“土壤炼金术”的化肥于 1849 年首次在巴尔的摩出售，1949 年，美国年消耗化肥达 1854.2 万吨，1959 年达 2531.3 万吨。[②] 而杀虫剂与除草剂的使用量、效果与结果则正是卡逊在《寂静的春天》中探讨的主题。

高度专业化的农业生产方式实质上是机械化和科技化的必然结果。农业现代化的三大要素之间存在着密切的关联：高效率的机械生产工具让农民用大面积农田取代了分割式的小块农田，农民纷纷改种可以用机器收割的作物，因为每一种作物要求一套专门的机械，所以越来越多的农民选择用单一种植代替原来的混种。单一种植会更快地降低土地肥力、更易遭受病虫杂草的侵害，且害虫还有抗药的特性，因此为确保产量的增加，农民们不得不逐年往田地里施用更多的化肥、杀虫剂和除草剂。市场化原则让农民大规模购买同一农作物的种子以及针对该作物的专用化肥、杀虫剂和除草剂，可以节约投入、降低成本。于是，农业生产方式的专业化程度越来越高。[③] 高度专业化的农业生产带来了更多的食物，也造就了一大批富有的农场主、化工巨头。所以，当卡逊

---

① J. R. 麦克尼尔：《阳光下的新事物：20 世纪世界环境》，韩莉、韩晓雯译，北京：商务出版社，2012 年，第 224 ~ 225 页。

② 付成双：《美国现代化中的环境问题研究》，北京：高等教育出版社，2018 年，第 67 ~ 68 页。

③ 参见 J. R. 麦克尼尔《阳光下的新事物：20 世纪世界环境》，韩莉、韩晓雯译，北京：商务出版社，2012 年，第 222 ~ 229 页。

揭露这种高效率的农业生产模式也会带来有毒食物、水土污染、动物灭绝时，大多数民众是震惊的，农场主和化工巨头则是愤怒的。

早在 20 世纪 20 年代，美国的大众传媒就已经很发达了。发达的大众传媒为卡逊及其支持者与农场主、化工巨头及其他反对者之间的对战提供了舞台。“1920 年，美国第一个商业广播电台（匹茨堡的 KD-KA）首次播音。……1923 年，美国已有超过 500 个广播电台”，“20 世纪 30 年代，几乎每个美国家庭都有了一台收音机”。[①] 至今仍然很有名的杂志也已出现，如创刊于 1921 年的《读者文摘》（*The Reader's Digest*）、1923 年的《时代》（*Time*）、1925 年的《纽约客》（*The New Yorker*）。到 1957 年，被称为“有史以来最强大的大众传播媒介”的电视拥有量达 4000 万台，几乎和全美国的家庭数量一样多。[②] 因此，当《寂静的春天》第一期连载刊登在 1962 年 6 月 16 日的《纽约客》上时，立刻引爆了人们关注已久的杀虫剂话题。之后，双方的对战在其他杂志刊物、哥伦比亚广播公司（CBS，美国三大无线电广播公司之一）、参议院听证会等平台全面开展，引发了著名的美国 20 世纪 60 年代关于杀虫剂的大讨论。

面对农场主、化工巨头以及恶意污蔑者的强大攻讦，卡逊本人的立场是坚定的，而她的同盟军是正在壮大的环保主义力量。20 世纪 50 ~ 60 年代，美国的环保主义与当时改革主义大气候中活跃的其他抗议运动（如反消费主义、反战运动、女权运动、民权运动）共同成长起来了。他们不像 20 世纪 20 年代的自然资源保护主义前辈们那样将运动主题停留于保护树木、土壤或者野生动物等某个特定的组成部分，而是要全面对抗“工业主义产生的阴险的副产品”[③]。1950 年，联邦政府垦务

---

① 艾伦·布林克利：《美国史（Ⅱ）》，陈志杰、杨昊天等译，北京：北京大学出版社，2019 年，第 942、984 页。

② 艾伦·布林克利：《美国史（Ⅱ）》，陈志杰、杨昊天等译，北京：北京大学出版社，2019 年，第 1156 页。

③ 威廉·贝纳特、彼得·科茨：《环境与历史：美国和南非驯化自然的比较》，包茂红译，南京：译林出版社，2008 年，第 118 ~ 119 页。

局与环保主义者就在回声公园的格林河上围绕修建大坝的计划展开了激烈的讨论。与20世纪初以缪尔为代表的自然资源保护者在赫奇峡谷修建大坝一案上的惨败不同，这一次环保组织将环保主义者、自然主义者和野外休闲度假的人们动员起来结成联盟来共同反对。至1956年，国会迫于民意停止了修建大坝的计划，这次环保主义力量获得的重大胜利为新兴环保意识的发展提供了助力。[①] 因此，不管是杀虫剂生产贸易组织全国农用化学品联合会不惜耗费5万美元巨资来抨击卡逊，还是化学工业界和营养基金会的诸多专家学者发出的质疑和嘲讽，支持卡逊的民众和环保主义者都坚定地站在了卡逊一边。幸运的是，这一次肯尼迪政府也站在了卡逊这一边，官方的肯定无疑为这次环保主义运动的胜利提供了最大的保障。

三 “寂静的春天”的思想渊源

生态中心主义思想之所以在20世纪50～60年代的美国兴起，有两个重要的思想渊源：一是美国学界对西方传统人类中心主义（Anthropocentrism）的反思；二是生态学与生物学的发展和现实中日益严峻的生态危机让人们重新认识到人与自然之间的关系。尽管卡逊是以海洋科学家和文学家闻名于世，但后人在她的“寂静的春天”中可以清楚地看到上述两种思想渊源所透露的光芒。《寂静的春天》是一本关于化学药物的科普性著作，但它成为人类环境保护思想史上的一座丰碑。

（一）美国反思传统人类中心主义的先行者

“生态中心主义自然观是作为人类中心主义自然观的对立面而出现的。”[②] 在人与自然的对立关系上强调人的中心地位，是西方主体文化

① 艾伦·布林克利：《美国史（Ⅱ）》，陈志杰、杨昊天等译，北京：北京大学出版社，2019年，第1158页。

② 付成双：《美国现代化中的环境问题研究》，北京：高等教育出版社，2018年，第430页。

的核心传统，也是人类中心主义的主要思想。古希腊智者普罗泰戈拉的“人是万物的尺度”和阿波罗神庙中的“认识你自己”展现的就是人与自然的分离，而普罗米修斯的反抗精神则象征人与自然决裂的决心。

随后，在文艺复兴中通过批判宗教意识而兴起的西方人道主义思想只是用人性取代了神性的中心地位，将主体意识最终落实到个体的人身上。从培根的“知识就是力量”，到康德的“人为自然立法”，再到黑格尔的“理性统治一切”，正是近代欧洲意识形态中的这种观念树立起了人的绝对权威，推动了人类征服自然、控制自然的近代工业革命，而近现代科学技术的发展成就了工业革命。但是，人类对自然环境的征伐所导致的资源浪费与环境破坏，让越来越多的思想先锋开始批判与质疑传统的人类中心主义自然观，并提出了各种非人类中心主义的环境观念，美国学者所倡导的生态中心主义自然观就是其中的代表之一。

被誉为“美国环境主义的第一位圣徒”① 的亨利·梭罗（Henry Thoreau）是“美国环境观念变迁史上的一座丰碑”②。这座丰碑的标志就是1854年出版的文学作品《瓦尔登湖》。尽管卡逊在其著作与演说中都未直接表明梭罗对其思想产生过何种影响，但从小就喜爱自然并立志做一个文学家的卡逊应该是读过《瓦尔登湖》的。在当前所有想了解美国环境保护主义思想发展史的人的推荐必读书单中，《瓦尔登湖》必定位居书单前列，而紧随其后的就应该有作为美国环境变迁史上另一座丰碑的《寂静的春天》。

作为超验主义自然观的倡导者，梭罗不仅继承了西方文学艺术中歌颂大自然壮美的传统浪漫主义，而且将批判人类破坏自然的行为的生态学视角融入了其思想中。“超验主义是19世纪上半期在美国东北部兴起的一种文学和哲学运动”，梭罗的导师、哲学家爱默生（Ralph

① Joel Myerson, *The Cambridge Companion to Henry David Thoreau*, New York: Cambridge University Press, 1995, p. 171.

② 付成双：《美国现代化中的环境问题研究》，北京：高等教育出版社，2018年，第436页。

Waldo Emerson）就是该理论的代表人物。[①] 在《论自然》中，爱默生写道：“每个自然物，如果观察得当，都展示了一种新的精神力量。”[②] 因此，超验主义提倡通过远离物质社会的诱惑，以回归自然来获取最高的精神体验。不过，受传统浪漫主义文学家将自然世界看作一个统一有机体的思想影响，梭罗超越了其导师的神秘主义自然观，认为大自然是有生命的有机体。因此，通过在瓦尔登湖畔的两年隐居式生活，梭罗不仅以亲身体验来重新认识人与自然的关系，也对美国人迅速将无数的森林和荒野转变成农田和城镇的现象进行了严厉的批驳。

与梭罗相比，美国19世纪后期生态中心主义自然观的另一个重要代表约翰·缪尔（John Muir）的思想似乎对卡逊的影响要明显得多。除了继承浪漫主义者和超验主义者对自然荒野的热爱，缪尔更是直接投身于环境保护的运动中。在其代表作《我们的国家公园》中，约翰·缪尔认为自然万物都与人类具有同等的生存权利。[③] 这种观念应该对卡逊产生了重大的影响，因为卡逊也明确地表示“我们必须与其他生物共同分享我们的地球”[④]。当然，作为自然保护主义（Preservation）理念的提出者、“山峦俱乐部”的创始人和主持人，约翰·缪尔在美国环境保护运动史上地位的确立应该主要源自他与时任美国总统西奥多·罗斯福的友谊，他们于1903年在约塞米蒂国家公园进行了一次长达4天的野营之旅。[⑤]

尽管罗斯福政府注重经济发展的自然资源保护主义（Conservation）与缪尔的自然保护主义理念之间有很大的差异，但两者在观念与实践上对19世纪末期至20世纪初期美国的自然研究运动兴起都具有明显的

① 付成双：《美国现代化中的环境问题研究》，北京：高等教育出版社，2018年，第433页。

② 拉尔夫·瓦尔多·爱默生：《论自然》，吴瑞楠译，北京：中国对外翻译出版公司，2010年，第18页。

③ 约翰·缪尔：《我们的国家公园》，郭名倞译，长春：吉林人民出版社，1999年。

④ 蕾切尔·卡逊：《寂静的春天》，吕瑞兰、李长生译，上海：上海译文出版社，2011年，第295页。

⑤ 艾伦·布林克利：《美国史（Ⅱ）》，陈志杰、杨昊天等译，北京：北京大学出版社，2019年，第874～875页。

推动作用。美国的自然研究运动与提供妇女地位的解放运动又有着密切的关联，[①] 因此，作为一个“不可多得的自然研究教师”的玛丽亚·卡逊和她生于1907年的女儿蕾切尔·卡逊不可避免地参与到了当时火热的自然资源保护运动当中。正是母亲的教导与引领，让蕾切尔·卡逊在幼年的时候就确立了“野生动物是我的朋友”的观念。[②]

（二）生态学视域中的生态危机

人类对自然的肆意妄为和自然对人类的反噬是相伴随的。德国环境史学家拉德卡（2004）的研究表明，早在19世纪末，担忧环境引发疾病的浪潮就已席卷了整个工业世界。[③] 只不过第一次和第二次世界大战让人们的关注焦点更多地停留在直接威胁生存的战争上。19世纪末期，化学工业在农业生产上的巨大成就是以磷肥和氮肥为主的化肥的产生及应用。被称为“土壤炼金术”的化肥大幅度提高了土壤的肥力，让全世界不断增长的数十亿人口有了饭吃。正是这一基础性的成就使得这个会严重污染土壤和水系的“凶手”在人类社会，尤其是在处于发展中的社会中至今“逍遥法外”。与此相比，同样是化学工业支柱之一的冶金业就没有这么“幸运”了。采矿、冶金、炼油等资源开发行为将大量金属（如铅、铜、镉、锌、汞）从无害的矿物质中分离出来或从固体状态转变成液体、气体状态，进而作为空气污染物或者通过进入土壤，进入了自然界的食物链。[④]

生态危机迫使生态中心主义者在理论主张上发生了视角的转变。作为一种反对人类中心主义的观念，早期的生态中心主义自然观（即

① 李婷：《19世纪的美国女性与自然研究》，《历史教学》2019年第11期。

② 林达·利尔：《自然的见证人：蕾切尔·卡逊传》，贺天同译，北京：光明日报出版社，第4~15页。

③ 约阿希姆·拉德卡：《自然与权力——世界环境史》，王国豫、付天海译，保定：河北大学出版社，2004年。

④ 艾伦·布林克利：《美国史（Ⅱ）》，陈志杰、杨昊天等译，北京：北京大学出版社，2019年，第20~25页。

传统的自然资源保护论）是建立在美学或道德基础上的。直到20世纪中期，生态学的应用才使环境保护主义理论有了科学的基础。“生态学是关于自然世界内在联系的科学。……生态学告诉人们，空气污染、水污染、森林破坏、物种灭绝和有毒废弃物都不是孤立存在的问题。地球环境中的所有因素之间存在着紧密而微妙的联系。因此，对其中任何一个因素的破坏都会危及其他所有环境因素。”①

1949年，被后人称为“生态伦理之父”的美国作家奥尔多·利奥波德（Aldo Leopold）出版了其环保主义代表作《沙乡年鉴》（*The Sand County Almanac*）。在这本书中，利奥波德为大众普及了生态学的基本知识，他认为“真正的文明”应该是人类与其他动物、植物、土壤互为依存的合作状态，而真正的伦理应当是基于“土地共同体”的“大地伦理”，即土地本身是一个活的生命存在体，它不仅包括土壤、气候、水、植物、动物，人类也是这个共同体的一个成员，而不是土地的征服者，也要自觉遵守大地共同体的伦理。为此，他提出了生态中心主义的核心准则，即有助于维持生命共同体的和谐、稳定和美丽的事就是正确的，否则就是错误的。② 因此，“美国历史学家认为，奥尔多·利奥波德及其思想是把世纪之交的自然资源保护运动和后来兴起的、意识到了自然界的复杂性及其各部分之间生物的相互依赖性的现代环境主义运动连接起来的关键”。③

与利奥波德相比，在卡逊的《寂静的春天》中，生态学思想的影响更为明显。这是因为卡逊的生物学知识背景使她在运用“食物链”“生态系统”“生物多样性”等生态学概念分析问题时显得游刃有余。1929年，蕾切尔·卡逊成为约翰斯·霍普金斯大学动物学专业硕士学

---

① 艾伦·布林克利：《美国史（Ⅱ）》，陈志杰、杨昊天等译，北京：北京大学出版社，2019年，第1246～1247页。

② 奥尔多·利奥波德：《沙乡年鉴》，侯文慧译，长春：吉林人民出版社，1997年。

③ 威廉·贝纳特、彼得·科茨：《环境与历史：美国和南非驯化自然的比较》，包茂红译，南京：译林出版社，2008年，第102页。

位候选人。该校的动物学实验室（切萨皮克动物学实验室）由美国伟大的海洋生物学家和胚胎学家布鲁克斯创建。他在脊椎动物起源以及动物结构的同一性方面的深邃造诣，使得该实验室成为研究动植物形态和结构同一性的形态学研究中心。卡逊进入切萨皮克动物学实验室学习时，实验室的主任是布鲁克斯的学生 H. S. 詹宁斯的学生雷蒙德·伯尔教授。作为一位成功的生态学家，伯尔认为“生物研究必须以人为本”，并将其研究“集中于遗传的问题和诸如人口密度、饥饿、气温和日常饮食等影响人类寿命的诸多环境问题”，“伯尔的这一观点被卡逊自觉吸收并将在她的名著《寂静的春天》中得以酣畅淋漓的表述”。[①]

总之，融入了生态学与生物学的科学知识体系的生态中心主义思想在理论研究和社会运动上都有重大的影响。理论研究上的影响体现在两个方面：一是美国哲学家霍尔姆斯·罗尔斯顿创建的系统的自然价值论，坚持大地伦理学的生态中心主义思想的基础上，全面系统地梳理了自然的十四种工具价值，如生命支撑价值、经济价值、文化价值、美学价值、娱乐价值等；二是由挪威著名哲学家阿伦·奈斯（Arne Naess）在1973年提出的深层生态学（Deep Ecology），主张生态哲学是一种关于生态和谐或平衡的哲学，强调从整个生态系统的角度，在人与自然的关系中把“人－自然”作为统一整体来认识、处理和解决生态问题。这两个学说都成为20世纪60～70年代西方绿色运动兴起的理论基础。但是，生态中心主义思想在社会运动领域的深远影响却是由理论性并不强的“寂静的春天”所带来的。尽管卡逊的《寂静的春天》被定性为科普性读物，但作为一种思想启迪的“寂静的春天”却真正唤醒了大众的环境意识，毫无疑问成为吹响20世纪70年代世界环境保护运动的主号角。

① 林达·利尔：《自然的见证人：蕾切尔·卡逊传》，贺天同译，北京：光明日报出版社，第60～61页。

四　启迪性思想的张力

作为当时环保主义的最强之声，“寂静的春天”很快就唤醒了人们强烈的环境保护意识。1962 年 12 月，该书就卖出了 10 万册。英国、联邦德国、荷兰、瑞典、加拿大、日本、埃及等许多国家都引进出版了该书，就连当时的苏联也翻译并印发 200 册作为内部资料送给政府高级官员参阅。人们不仅从这本书中系统地了解了以 DDT 为代表的化学产品是如何毒杀昆虫、侵蚀土壤、污染水源，进而入侵食物链，损害人的健康的，而且也对书中所描述的那个小镇的“寂静的春天”感到震惊与忧虑，并且更多的人在自己生活的区域直接感受到了“寂静的春天”。各种关于环境保护的行动在世界各地开始爆发。不管过程怎样，反对之声与赞同之音都让“寂静的春天”作为一种启迪性思想深入人心。

“寂静的春天”的第一个社会影响是改变了关于使用化学药物的环境政策。作为一个基于科学论据的环境概念（Environmental Concept），“寂静的春天”描述了一个无可争辩的客观事实，这就迫使美国政府在关于 DDT 等杀虫剂使用的环境政策上不断做出变革，以应对民意和生态危机的压力。1963 年 5 月，肯尼迪总统指示总统科学顾问委员会发布了其生命科学专案小组关于杀虫剂使用情况的调查报告，这个题为《杀虫剂的使用》的报告不仅证实了卡逊的观点，而且“特别地批评了政府的现行虫害控制计划和整个虫害根除观念”。[①] 1964 年，美国国会修正了《联邦杀虫剂、杀菌剂和灭鼠剂法案》。该修正案加强了政府在管制杀虫剂方面的权力，是杀虫剂立法管制的一个里程碑。1969 年，美国国会又通过了《国家环境政策法》。为此，1970 年 12 月 2 日，美国联邦政府成立了世界上第一个主要负责维护自然环境和保护人类健

① 林达·利尔：《自然的见证人：蕾切尔·卡逊传》，贺天同译，北京：光明日报出版社，第 383～384 页。

康不受环境危害影响的政府独立行政机构——美国国家环境保护署。很快，美国国会在1972年又通过了《联邦环境杀虫剂控制法》（The Federal Environmental Pesticide Control Act）。该法扩大了美国国家环境保护署在杀虫剂管制方面的权力。这一系列政策变迁所导致的结果就是，“1969年美国农业部用DDT喷洒的土地降低为零”，“1971年美国最终禁止了DDT在本国的生产与使用”。[①]

“寂静的春天”的第二个社会影响是引领了世界环境保护运动。作为一种具有启迪性的环保理念（Green Idea），“寂静的春天”是敦促人们采取行动的号角，引领了各种环境保护组织的成立及其相关的实践活动。“寂静的春天”告诫道，“我们必须与其他生物共同分享我们的地球”，而要达成这一目标就必须付诸行动。保护性环境政策的出台助推了环境保护运动的兴起，而环境保护运动的发展反过来又对环境政策提出了新的挑战。[②] 1970年1月1日，《国家环境政策法》在美国正式实施；1970年4月22日，标志着美国环境保护运动走向高潮的首个“地球日”大游行在美国进行；1970年12月2日，美国国家环境保护署成立。“渐渐地，环保主义运动发展成一系列简单的示威游行和抗议活动。环保主义成为绝大多数美国人思维中的一部分——被大众文化吸收，成为中小学教育的内容，几乎所有的政治家都对环保主义表示赞赏。”[③]

持续不断的民间环境保护运动产生了更广泛的国际影响，其突出的表现就是各种环保组织的出现。例如，创建于1956年的国际自然保护联盟、1961年的世界自然基金会、1969年的地球之友和1971年的绿色和平组织。1972年6月，联合国人类环境会议在瑞典首都斯德哥尔摩召开，这是国际社会第一次共同召开的环境会议，标志着人类对于全

---

① 高国荣：《20世纪60年代美国的杀虫剂辩论及其影响》，《世界历史》2003年第2期。

② 徐再荣：《20世纪美国环保运动与环境政策研究》，北京：中国社会科学出版社，2013年。

③ 艾伦·布林克利：《美国史（Ⅱ）》，陈志杰、杨昊天等译，北京：北京大学出版社，2019年，第1250页。

球环境问题及其对人类发展所带来的影响的认识与关注。1973 年 1 月，作为联合国统筹全世界环保工作的组织，联合国环境规划署（United Nations Environment Programme，简称 UNEP）正式成立。自此，“自然”与“人类”终于站到了对等的位置，人类社会的各种主流思想以及相关的社会行动都不得不将“自然”纳入考虑的范畴。

“寂静的春天”的第三个社会影响是促成了学术界关于人与自然关系的大反思。作为一种带有强烈反思性的环保思想，“寂静的春天”揭示了一种新的“人与自然之间的关系”，更多的人开始基于这种新的关系去思考，进而掀起了 20 世纪 70～90 年代的绿色思潮。“寂静的春天”就是人在自然界中滥用化学药物所导致的一种自然失衡现象，它反过来又损害了人的健康与发展。因此，经济学家不再将水、空气等看作取之不尽、用之不竭的资源，而是将公共资源、环境污染纳入了“成本－效益”的范畴中，这就是 20 世纪 70 年代出现的环境经济学。同样是在 20 世纪 70 年代，美国社会学家卡顿与邓拉普在批判传统社会学的“人类豁免主义范式”的基础上，认为社会学应该将生态的维度纳入研究中去，即他们提出的“新生态范式”，环境社会学自此问世。

余　论

尽管美国因为《寂静的春天》的出版及其后续影响终结了杀虫剂的命运，但以 DDT 为代表的人工合成杀虫剂却因其功效而被众多发展中国家不断改良并沿用至 20 世纪末。当前，各种新型的、声称无环境影响的真菌制剂、DNA 杀虫剂等农药层出不穷。人们似乎“刻意忘却”了最初同样声称无害的 DDT 所带来的危害，也忘却了“寂静的春天”真正告诉我们的是关于人与自然和谐相处的生态中心观。的确，与烟雾等化学工业污染能够给人们带来直观的感知不一样，除非带来大规模的中毒事件，化学农药的多数危害都是隐性的、曲线性的，很难为人们所直接感知。这就为化学工业公司、农场主和政客们的欺骗假说和掩盖真相提供了空间。这种情况一直到卡逊的《寂静的春天》问世才得以转变。尽管也有科学家认为卡逊的研究结论缺乏足够的科学证据，但是后来许多经验研究却证实了卡逊的推断，如日本学者关于水俣病和痛痛病的研究。现在的问题是，面对当前全球的生态危机，我们是应该沿着卡逊开辟的道路继续前进，还是走另外一条新路?

生产跑步机理论：缘起、内涵与发展*

耿言虎**

摘　要：生产跑步机理论是美国乃至世界范围内经典的环境社会学理论，但中文学术圈对其系统性介绍不足。本文尝试对生产跑步机理论进行全面的梳理，以增进中国学界对该理论的认识。本文内容分为如下三个主要部分：梳理生产跑步机理论产生的社会背景、学术缘起和理论创始人的学术经历，展现生产跑步机理论产生的社会－学术－个体层面的宏观与微观背景；呈现生产跑步机理论的内容与核心观点，从工厂生产的“内－外”两个维度分析资本主义经济系统的运行及其与环境问题的关联；介绍生产跑步机理论的关联理论与学术发展。国内学界在对该理论“拿来”运用的同时，还需要基于中国经验与实践，与经典理论交流和对话，创新并超越经典理论。

关键词：生产跑步机理论　环境社会学　政治经济学

生产跑步机（The Treadmill of Production）理论是环境社会学的经

* 本文写作过程中陈阿江教授给予了诸多指导和帮助，唐国建、王婧对论文进一步完善提出了诸多意见和建议。在此深表谢意！

** 耿言虎，安徽大学社会与政治学院社会学系副教授，研究方向为环境社会学。

典理论范式。该理论由美国社会学家施奈伯格于1980年在《环境：从盈余到稀缺》（*The Environment*：*From Surplus to Scarcity*）一书中最先提出。生产跑步机理论提出后在美国环境社会学界产生了巨大影响，成为美国乃至世界范围内最有影响力、最重要的环境社会学理论视角。[①] 美国社会学家巴特尔（Buttel）认为，生产跑步机团队和卡顿－邓拉普团队是20世纪70年代以来美国环境社会学创立后的两个主要研究团队。[②] 生产跑步机理论在中文教材和期刊论文中虽然有较多介绍，但大多篇幅较短且着重介绍其内容和核心观点，对理论相关的社会背景、学术缘起、创始人生平等较少涉及。本文将对生产跑步机理论进行详细的梳理，以增进中国学界对该理论的认识。

一 生产跑步机理论产生的社会背景

（一）环境公害与环境运动爆发

二战后，环境问题成为公众普遍关心的社会问题。伴随着经济社会的高速发展，发达国家的环境问题开始出现大爆发的趋势，环境公害问题频发。环境问题主要表现为：水体污染、大气污染、土壤污染、食品污染、海洋污染、放射性污染、有机氯化物污染等。1948年美国多诺拉烟雾事件造成6000多人发病，1952年美国洛杉矶光化学烟雾事件造成超过400名老人死亡。环境污染成为发达国家的一个重大问题，这一时期也被称为"公害泛滥期"[③]。人类开始认识到环境问题造成的危害。蕾切尔·卡逊的《寂静的春天》、保罗·埃利奇的《人口爆炸》等书对

---

① John B. Foster, "The Treadmill of Accumulation," *Organization & Environment*, Vol. 18, No. 1, 2005, pp. 7－18.

② F. H. Buttel, "The Treadmill of Production: An Appreciation, Assessment and Agenda for Research," *Organization & Environment*, Vol. 17, No. 3, 2004, pp. 323－336.

③ 梅雪芹：《工业革命以来西方主要国家环境污染与治理的历史考察》，《世界历史》2000年第6期。

提升公众的环境保护意识，推进环境保护运动具有重要的意义。特别是在《寂静的春天》一书中，卡逊详细分析了杀虫剂滥用造成的触目惊心的后果。该书在美国引起了巨大的轰动，直接推动了现代环保运动的兴起。

以保护环境为目标的环保运动开始涌现。大量环保组织成立，其中比较重要的包括 1967 年成立的环境保护基金会和动物保护基金会、1969 年成立的地球之友、1970 年成立的自然资源保护委员会、1971 年成立的绿色和平组织、1974 年成立的环境政策研究所、1975 年成立的世界观察研究所及 1980 年成立的地球优先组织等。以“地球日”活动为代表的美国现代环保运动数量开始上升，环境保护组织大量涌现。1970 年 4 月 22 日，美国举行了第一次“地球日”活动。这是人类有史以来第一次大规模的群众性环保活动。美国大约有 2000 万人参加了游行示威和演讲会。20 世纪 70 年代被称为“环境年代”（decade of the environment）。以追求公正、反对污染物的不成比例分配为目标的环境正义运动也逐渐升温。人们发现，垃圾场、污染物质的分布区域主要是有色人种和低收入人群居住的区域。环境问题与社会公正开始紧密关联。

政府在公众的压力下开始注重环境保护工作。1969 年，美国通过《国家环境政策法》；1970 年成立了美国国家环境保护署，还成立了由总统领导的环境质量委员会等专门机构。关于环境问题的专门法也逐渐制定并修改完善。重要的法律还包括 1970 年的《清洁空气法》《职业安全与健康法》、1972 年的《联邦水污染控制法》《联邦环境杀虫剂控制法》、1973 年的《濒危物种法》和 1974 年的《安全饮用水法》等。此外，以石油危机[①]为代表的能源危机开始爆发，石油价格的飙升严重冲击了美国的工业体系，造成了经济的滞胀。这场危机，也让人们开始反思对于石油的过度依赖以及生产行为对自然资源的消耗问题。生产跑步机理论正是在环境危机日益加剧的社会背景下产生的，是学

① 1973 年第一次石油危机和 1979 年第二次石油危机。

界试图从理论层面对环境问题产生机制进行概括的尝试。

（二）福特主义生产方式扩张

生产跑步机理论关注的西方工业化国家生产模式在二战前后表现出明显的差异。二战后世界工业快速发展。为了提高生产率，美国以泰罗制劳动组织和大规模生产消费商品为代表的密集型资本积累战略逐渐成为主导战略，这种被称为福特主义（Fordism）的生产方式在大企业中逐渐占据主导。福特主义生产方式对环境产生了严重的负面影响。福特主义以市场为导向，以分工和专业化为基础，形成了大规模生产和大规模消费的经济体系。

第一，以生产机械化、自动化和标准化的流水线作业，建立相应的工作组织，以及大规模生产来提高标准化产品的劳动生产率。企业资本主要购买生产设备、雇用劳动力。专业性的大型机器需要大量的原材料和能源供应。这些大型机器为标准化生产提供了可能。

第二，劳资之间通过集体谈判所形成的工资增长与生产率联系机制提升了工人的收入水平，诱发了大规模消费，反过来又促进了大规模生产的进一步发展。在工人的劳动过程中，生产过程被分解为若干小环节，管理部门以流水线安排工人作业，每个工人从事相对固定的环节。通过长期重复简单劳动形成较高的工作效率。工人工资水平显著提高。

第三，资本家之间的垄断竞争格局使生产建立在对未来计划的基础上。专用性机器投资和低技能工人相结合的生产过程提高了资本有机构成，通过加速资本周转来降低高资本有机构成对利润率的影响，促进了企业之间纵向一体化过程，从而在主要行业形成了垄断竞争的市场格局。[①]

福特主义以最大程度提高生产率为目标，通过技术、组织等手段，

---

① 谢富胜、黄蕾：《福特主义、新福特主义和后福特主义——兼论当代发达资本主义国家生产方式的演变》，《教学与研究》2005年第8期。

实现了生产率的大跃升。福特主义的生产过程与以往的生产模式相比发生了很大的改变，大规模高强度的专业化生产需要更多的物质投入，使用越来越多的化学品。20 世纪 70 年代，美国学者舒马赫对当时工业生产对自然界造成的消耗深感震惊。他指出，二战前世界的化石燃料使用与二战后相比，是“微不足道”的。二战后这个量增加到了“惊人的比例”。[①] 在二战前，工业环境问题就已经出现。但这之后，美国石油、铁矿石等自然资源的消费呈现爆发式增长，环境前所未有地恶化。生产跑步机理论分析的工厂生产模式主要就是福特主义的生产模式。这种生产模式注重对技术的运用，实现了生产的规模化，同时为工人提供一定的工资保障，从而使其成为消费者，带动产品销售。在福特主义的生产模式中，“大量生产—大量消费—大量丢弃”成为西方工业国家环境问题产生的重要表现形式。

（三）政府干预的“混合经济”时代

生产跑步机理论对政府在经济发展中的作用和功能给予了较多关注。在西方资本主义国家，政府对经济的干预程度在不同时期表现出不同特点。19 世纪，北美和欧洲大多数国家对经济发展奉行自由放任的政策，政府较少干预经济，经济决策主要依赖“看不见的手”——市场机制完成。19 世纪末，这种不受约束的自由市场经济发展造成腐败、贫富差距、失业等一系列问题。美国和西欧主要工业国家逐渐放弃自由放任的思想，加大对经济的干预力度。政府逐渐被赋予更多的经济职能，如反垄断、征收所得税、提供社会保障等。

二战后，政府对经济的干预力度进一步加大。从二战后到 20 世纪 60 年代末，美国奉行凯恩斯主义，强调国家干预。有研究将资本主义经济的发展阶段划分为竞争资本主义、垄断资本主义和国家垄断资本

---

① E. F. 舒马赫：《小的是美好的》，虞鸿钧、郑关林译，北京：商务印书馆，1984 年，第 5 页。

主义阶段。二战后美国经济表现出“混合经济”① 的状态，即庞大的政府预算和政府广泛干预私人决策的经济。政府通过财政和金融政策对经济施加影响。政府对高就业和经济增长开始承担义务。1946年，美国两党就通过了《就业法令》，这可以看作干涉主义体制的雏形。这一法令责成联邦政府确保“最大限度的就业、生产和购买力”，人们对20世纪30年代大萧条时期大批失业的恐惧记忆是形成这一法令的原因之一。与就业相关，战后为了与苏联竞争和应对次发达国家的挑战，美国政府开始对长期经济增长承担义务，加大对科技研发的资金投入。对外，美国政府展开大规模的经济援助和军事援助，为企业提供订单。在危机时刻，政府动用财政赤字和通货膨胀政策干预经济。

“混合经济”试图在充分发挥市场经济和价格机制作用的同时，通过国家干预克服市场经济自身的弊端。在这种“混合经济”中，政府广泛介入经济活动，颁布财政政策，维持经济增长。“混合经济”模式下政府与市场之间的关系比以往更加密切。生产跑步机的运行正是在这种政府干预的“混合经济”模式下形成的。生产跑步机的政治经济学解释范式中特别关注政府在经济发展中的作用发挥，与此宏观社会背景密切相关。

二 生产跑步机理论缘起的学术渊源

生产跑步机理论所描述的是资本主义社会发展到一个新阶段后，其内部经济系统运行对环境系统的影响。就该理论所探讨的现代资本主义生产和环境问题的关联性机制而言，学界已经积累了大量的研究成果。

（一）马克思关于资本主义运行逻辑的研究

生产跑步机理论对新阶段资本主义制度运行的“生态批判”与马

① H. N. 沙伊贝、H. G. 瓦特、H. U. 福克纳：《近百年美国经济史》，彭松建、熊必俊、周维译，北京：中国社会科学出版社，1983年。

克思关于资本主义的研究思想是一脉相承的。生产跑步机理论是在马克思对于资本主义制度运行的生态批判基础上做出的新发展，马克思关于资本主义制度运行的基本逻辑以及生态影响分析构成了生产跑步机理论的“元理论”，对于理解二战后西方工业化国家的环境危机具有重要意义。

在马克思看来，资本主义的主要特征，在于其是一个自我扩张的制度体系。资本主义像一台增长机器，“为积累而积累，为生产而生产”，不断追求剩余价值的资本逻辑是资本主义生产不断扩张的动力机制。资本具有增值属性，而资本家则是资本的人格化。在生产跑步机中，企业扩大生产的动力机制也是源于其对无止境的资本积累的追求。马克思在《资本论》中对货币资本的循环过程进行了深入的研究。他指出，货币资本的循环公式为：G—W…P…W′—G′，G 代表货币，W 代表商品，P 代表生产，W′、G′代表剩余价值增大了的商品和货币。[①] 这个过程可以分为三个阶段：第一阶段，G—W，即从货币转化为商品，主要包括劳动力和生产资料；第二阶段，W…P…W′，即资本从商品流通领域进入生产领域，成为生产资本；第三阶段，W′—G′，即经过生产过程而实现的已经增值的资本价值——商品资本转化为货币的过程，这些商品本来就是为市场而生产的，必须转化为货币。对资本逻辑的理解是理解资本主义生产体系的重要基础。在生产跑步机理论中，企业的生产运行逻辑本质上也是资本逻辑的反映。

在资本主义生产力的基础上，还有一套与之相适应的生产关系。资本主义社会是以生产资料私有制为基础的雇佣经济占主导的经济体系。资本主义制度的主要特征有以下几个方面。其一，为交换而生产。资本主义与以往社会阶段的最大区别是生产目标的差异，资本主义为了追求交换价值而进行生产，生产和消费之间出现分离。价格机制和货币体系也支持了商品的交换。商品和劳务须按照价格机制进行交换，货币体

---

① 《资本论》（第二卷），北京：人民出版社，2004 年，第 32 ~ 38 页。

系的建立使得生产者可以专注于生产，而不必先找到购买者。其二，产权的私有制。对财产的排他性的控制权、收益权、处置权，甚至个体对自己身体的拥有权等，① 都与前资本主义社会有本质的区别。产权的私有制是资本主义重要的激励机制。其三，资本主义的生产关系是少数资本家占有生产资料、多数人一无所有的状态。在雇佣劳动，即建立在出卖劳动力基础上的劳动中，工人通过劳动赚取的收入购买消费品。出卖劳动是工人获得生存的主要甚至唯一的方式，因此就业或工作的重要性比以往任何时候都更突出。马克思对资本主义社会运行逻辑的洞见构成了生产跑步机理论的基础理论认知。

（二）政治经济学研究

生产跑步机理论是环境问题的政治经济学阐释，该理论得以形成也与当时的政治经济学研究的发展有很大关系。政治经济学与经济学的差异在于其不仅关注由经济规律引发的经济现象，也关注经济发展和外部社会之间的联系，特别是关注经济和政治之间的关联。政治因素是生产跑步机形成的重要外部环境。政治经济学的研究成果给施奈伯格思考生产跑步机得以可能的外部环境提供了诸多借鉴。施奈伯格在书中大量引用了当时的政治经济学者的著作，如大卫·戈登（David Gordon）、查尔斯·林德布罗姆（Charles Lindblom）、大卫·哈维（David Harvey）等。

大卫·戈登提出了“积累的社会结构”理论，② 这一理论是政治经济学中的重要理论。戈登通过对马克思的经济危机理论的研究，注意到资本积累与特定社会结构具有较强的联系。他指出，仅仅考察产品市场的竞争条件不足以真实反映资本积累的广度和复杂性，因为资本主义

---

① 彼得·桑德斯：《资本主义：一项社会审视》，张浩译，长春：吉林人民出版社，2005年，第6~10页。

② 甘梅霞、马艳：《两代“积累的社会结构”理论：溯源、比较与展望》，《江淮论坛》2020年第3期。

生产不可能在真空和无序的环境下进行。具体而言，决定资本家是否投资的因素，除了利润率之外，还受到投资信心和预期的影响，投资信心和预期则与稳定的外部支持制度相关。“积累的社会结构”关注到资本积累与外部的政治和社会制度的联系，与生产跑步机关注“工厂嵌入的外部环境”二者异曲同工。

查尔斯·林德布罗姆的专著《政治与市场：世界的政治－经济制度》被施奈伯格多次引用。他将比较经济学和比较政治学两个学科结合起来，贯穿于制度分析的始终。他指出，政治是对生产系统实施方向性社会控制的一种有效形式。政治系统设置方向后，由市场提供有效的分配决策。他从权威（政府权力）、交换（市场关系）、说服（训导制度）三个范畴出发，建构、展示和比较人们平日熟悉的各种政治－经济组织构造的异同。在林德布罗姆看来，市场取向的私有企业制度与多头政治的权威制度结合的制度是西方政治经济制度的主要表现形式。[①]生产跑步机理论中对政府角色和作用的关注以及对“政治－经济”关系的认知受到林德布罗姆较深的影响。

大卫·哈维是当代西方马克思主义的代表人物和集大成者。哈维对资本积累和空间开发做出了深入的研究。他把城市作为生产系统扩张和资本积累的重要研究场所，其早期研究受到施奈伯格的关注。在《社会正义和城市》一书中，哈维发现对城市空间的开发与占有逐渐成为当代资本主义剥削的主要方式，城市也因此成为资本和阶级斗争的集中地，由此衍生出城市的核心问题——城市正义和权利。城市增长联盟日益加剧的资本积累强度加速了对城市空间的开发，由此导致了环境问题，同时，也加剧了对底层人群的剥夺。[②] 从哈维的相关研究中，可以发现生产系统的扩张对生态系统（空间形态）和社会系统（社会

① 查尔斯·林德布罗姆：《政治与市场：世界的政治－经济制度》，王逸舟译，上海：上海三联书店，1981 年。

② 尹才祥：《乌托邦重建与解放政治哲学——对戴维·哈维资本主义空间批判的反思》，《哲学动态》2016 年第 11 期。

正义）的影响。这些研究对生产跑步机理论也有诸多启发。

（三）环境人文社会科学的相关研究

二战后，工业化国家经济的快速发展带来了严重的环境问题，仅从自然科学角度研究环境问题面临解释力不足的困境。学术界对环境问题展开了深刻的反思。学者们认识到，环境问题不仅是技术问题，更是政治、社会、经济和文化问题。一些环境问题的人文社会科学研究也为施奈伯格思考环境问题奠定了基础。1962 年，蕾切尔·卡逊的《寂静的春天》（*Silent Spring*）一书中首次对剧毒农药 DDT 滥用造成的环境和社会后果进行了详细的分析，为沉迷在科技进步中的公众敲响了环境保护的警钟，该书在学界产生了巨大的反响。还有学者探讨技术对环境的影响，巴里·康芒纳出版了《封闭的循环：自然、人和技术》（*The Closing Circle*：*Nature*，*Man and Technology*），认为环境问题的产生是现代科技导致的，技术异化导致的环境问题的根源在于人失去了对技术的控制。还有学者从人口、资源等角度探讨环境问题。1968 年，保罗·埃利奇出版《人口爆炸》（*Population Boom*）一书，阐述了人口激增可能导致“人口危机”，进而引发“资源危机”、“粮食危机”和“生态危机”。1972 年，罗马俱乐部出版《增长的极限》（*The Limits to Growth*），通过计算机模拟的方式，预言了人类发展即将遇到的生态和资源瓶颈，为西方发达国家快速发展的“黄金时代”浇上了一盆冷水。

环境问题的人文社会科学研究对施奈伯格分析生产系统运行的环境后果奠定了较好的基础。他认识到经济、技术、人口等都与环境问题具有紧密的联系。施奈伯格深入分析了社会和环境的关系，他提出“社会－环境辩证法”（Social-Environmental Dialectic）有三种“合题”（syntheses）。首先是经济合题。环境的使用价值被遗弃了。国家只关注资本积累，只有当生态混乱威胁到生态系统时才会对其进行治理。国家的环境政策是地方化的、短期的。其次是有计划匮缺（managed scarcity）合题。政府在交换价值和使用价值之间摇摆，维持二者的平衡。最后是生态合题。交换价值被遗弃，强调自然系统的生态价值。生产跑步机理论研究的政治经济体系是一个典型的经济合题，随后国家的各项环境政策开始实施，社会和经济关系转变为有计划匮缺合题。①

三 生产跑步机理论创始人的学术经历

施奈伯格是生产跑步机理论的提出者和研究团队的绝对领导者，他的个人学术经历对其提出生产跑步机理论具有重要影响。通过对他个人学术经历的梳理，② 我们可以看到社会环境与学术环境对个人及其理论产生的影响。施奈伯格出生和成长于一个“科学”的时代，1960 年获得化学学士学位，后来在运输部门工作，为冶金工程团队服务。理工科的学习背景和工厂工作经历对其理解工业生产及其导致的环境问题起了很大作用。他随后决定考取研究生，成为一名老师。他选择了社会学，因为他曾修过一门社会学课程，发现社会学可以帮助他了解他所工作的机身制造公司的情况。在密歇根大学读书时，施奈伯格参与人口问题研究，主要学习和使用定量研究的方法。他的毕业论文使用导师收集的数据资料研究土耳其妇女问题，最后这个研究确定为关于“现代化”（modernization）的问题（他的现代化研究融合了对城市化、分层、现代化的反思和综合），这个研究也让他从对一般性社会问题的关注开始转向背后的理论问题，以及尝试融合不同研究观点的思路。1968 年博士毕业后，他逐渐远离人口研究和定量研究，因为他觉得人口研究让其不安。他认为在研究中，人口增长与经济和环境问题之间的联系建立得太容易了，他甚至认为这种研究方法具有一种“责备受害者”的研究倾向。

---

① K. A. Gould，D. N. Pellow and A. Schnaiberg，*Treadmill of Production*：*Injustice and Unsustainability in the Global Economy*，Routledge，2008，p. 30.

② 施奈伯格的个人生平主要参考：A. Schnaiberg，“Reflections on My 25 Years before the Mast of the Environment and Technology Section，” *Organization & Environment*，Vol. 15，No. 1，2002，pp. 30 – 41.

1969年进入西北大学工作后，他加入了西北大学的一个“学习小组”，关注当地公用事业公司因燃煤而造成的空气污染问题。他认为与人口主义相比较，环保主义似乎是一个更加进步的领域，能更清楚地确定受害者，比如遭受空气污染的群体主要是城市穷人。这个小组的活动因为威胁到一些人的利益，最终导致了建议成立这个小组的工作人员被解雇。这让施奈伯格开始思考从政治角度分析环境问题的可能性。因为在这些因素中，学校董事会主席是这家公司的首席执行官，不希望看到学习小组的批评。根据自身的化学背景以及工程/科学经验，他认为可以将这个领域与社会科学结合起来，为“环境问题”提供独特的综合视角。

随后，施奈伯格的同事约翰·沃尔顿（John Walton）邀请他参与其正在主编的一本关于城市的图书的撰写。沃尔顿鼓励施奈伯格探索新的环境问题解释思路。施奈伯格第一次从定量经验研究转向了定性综合性研究。施奈伯格基于对其他已发表研究的观察，将“环境主义”纳入四个方面的讨论中（人口、技术、生产、消费）。这些研究使施奈伯格脱离了受过丰富训练的定量研究。这项研究完成后，施奈伯格对环境议题产生了兴趣，持续开展研究。一方面，要提升社会学家的环境意识；另一方面，希望寻找环境问题的根源和替代性解决方案。

20世纪70年代中后期，接连发生的“能源危机”唤醒了社会大众的能源意识。施奈伯格更加下定决心追求他的目标：提高环境问题的社会意识；用社会科学方法来评估围绕社会界定的环境问题的相关政策以及政策的社会影响。他发现，许多解决能源危机的自然科学“解决方案”在社会层面上显得非常幼稚和不切实际。但与此同时，自然科学家和一些社会科学家的这种新认识似乎为研究真正的社会－环境关系开辟了一条道路。生产跑步机理论汇集了许多理论和经验研究。在某种程度上，就像他的博士论文一样，施奈伯格整合了来自不同领域的数据——工业社会学、世界体系理论、分层研究、科学社会学、宏观经济理论与分析，最后形成了生产跑步机理论。所以，从这个层面而言，生产跑步机理论是一种“合成”（synthesize），是对相互竞争的理论的合成。

四　生产跑步机理论的内涵

跑步机（treadmill）是家庭和健身房常见的健身器材。当跑步机启动并开始运转之后，站在其上的人必须全力以赴，一刻不停地运动，以跟上跑步机的运转。一旦人停止运动或者跟不上跑步机的速度，就会被甩出跑步机。我们可以设想，如果把一个社会的生产系统看成跑步机上的人，为了不被甩出去，生产系统就需要一刻不停地运转。

生产跑步机[①]理论是诸多解释环境危机理论中的一个，主要回答了二战后西方工业国家环境衰退为何愈加严峻，以及为何这些国家乃至全球的社会制度没有充分应对自然系统的失序与混乱。“生产跑步机”是一个隐喻，它将目光聚焦于生产领域，指出了工业化国家环境问题与不断扩张的生产系统的密切关联。施奈伯格认为，二战后，生产者及投资者将自然环境视为具有无限容量的“盈余”（surplus）系统，他们越来越多地使用这些资源，最终导致系统的“稀缺”（scarcity）困境。自然资源系统从“盈余”到“稀缺”的转变是环境恶化的重要表现。

在生产跑步机理论提出之前，对环境问题产生原因的诸多解释范

---

① 检索资料显示，“跑步机”最早作为概念用于学术研究始于1958年。美国农村社会学家威廉·科克伦（William Cochran）提出了“农业跑步机”（Agriculture Treadmill）的概念，主要侧重于分析农业技术变迁带来的诸多后果。他指出，由于农业技术能够带来生产率的提升，以经济理性为导向的农民纷纷采用新技术提高农业生产效率。最先采用技术的农户从高产量、低成本中获得收益。随着越来越多的普通农户逐渐采用新技术，农产品市场供应量暴增，进而导致农产品价格出现下行。为了进一步提高收入，支付土地、化肥农药的债务，农民需要为土地投入更多成本，为新技术投入背负债务，从而被卷入“农业跑步机”之中。一旦农民停止采用新技术，就存在被“农业跑步机”甩出，成为边缘人的可能。“农业跑步机”实际上是“农业技术的跑步机”，是在美国农业愈加商品化和资本化的背景下出现的。科克伦进一步分析了技术变迁导致农业经营者的结构性分化及其后果。参见William Cochran, *Farm Prices: Myth and Reality*, Minnesota: University of Minnesota Press, 1958。

式在施奈伯格看来解释力有限。他将注意力放在生产系统的变迁上，发现二战后工业化国家的生产力和生产关系都发生了很大变化，需要从生产的结构性特征入手分析环境问题的产生原因。在西方工业化国家，“不停地生产”在全社会何以拥有如此高的“合法性”？生产为何像踏上了一架不停运转的跑步机，必须全力前进，难以减速或停止？

生产跑步机理论是一个关于经济增长与环境社会后果之间冲突的政治经济学阐释，注重分析资本主义社会环境问题的结构性特征（structural characteristics），而非个体的特征（personal characteristics of individuals）。[①] 施奈伯格以美国为例，指出二战后所形成的政治经济体系与环境问题的产生有紧密关联。这一政治经济体系由五个目标驱动。[②] 其一，维持高生产水平。经济增长和生产扩张是政府各项政策的核心，具有极高的“合法性”。其二，维持高消费水平。生产的商品最终需要消费者购买才能保证生产体系的持续运转，消费是规模生产得以可能的重要动力。其三，经济增长是解决各种问题的“灵丹妙药”。各种社会和生态问题被认为需要通过市场和经济发展来解决。其四，围绕大企业发展经济。培养核心企业被认为是实现经济扩张的有效途径。其五，建立由政府、企业和劳动力组成的政治联盟，这个联盟在某种程度上也是利益相关者联盟。

生产跑步机理论不仅是关于生产对环境影响的一个模型，而且涉及生产中的社会关系以及生产者和其他机构之间的社会关系。生产跑步机理论关注工厂以及工厂所嵌入的社会。[③] 就工厂/企业生产过程而言，高生产率等于高利润率。生产跑步机理论为我们勾画了企业以追求

---

① E. O. Wright, “Interrogating the Treadmill of Production: Some Questions I Still Want to Know about and am not Afraid to Ask,” *Organization & Environment*, Vol. 17, No. 3, 2004, pp. 317 – 322.

② Adam S. Weinberg, David N. Pellow and A. Schnaiberg, *Urban Recycling and the Search for Sustainable Community Development*, Princeton: Princeton University Press, 2000.

③ A. Schnaiberg, D. Pellow and A. Weinberg, “The Treadmill of Production and the Environmental State,” in A. P. J. Mol and F. H. Buttel, eds., *The Environmental State under Pressure*, London: Elsevier North-Holland, 2002, pp. 15 – 32.

利润为目标的生产扩张的行为逻辑。企业获取生产利润后，为了进一步扩大利润，资本大量投入到新技术的研发和使用中，以提高生产率从而带动利润率的提升。生产技术更新比以往任何时期都显得重要。二战后，政府、企业、大学和研究机构等相关主体对科学研究的重视度明显提升，专注于提升效益的生产科学（production science）快速发展。[①] 大量资本和高新技术向生产环节快速集中是这一时期生产变化的鲜明特点。随着越来越多的资本积聚，高技术资本密集型生产（high-technology capital intensive production）逐渐占据主导地位。新技术需要更多的能源或化学品来替代之前的劳动密集型生产过程。新技术的投入必须加快运转以获取利润。因此，企业的生产呈现"生产获利—技术研发与使用—扩大生产—市场销售—进一步获利—投入新的技术研究与使用……"的无限循环状态。

生产跑步机理论没有将目光仅仅局限于工厂内部，而是揭示出工厂所嵌入的外部支持体系。在跑步机体系中，政府政策、科学技术、消费行为、社会意识形态等与之相匹配，共同推动了高水平生产。在工业化国家的政治经济体系中，高技术资本密集型生产的扩张成为社会根深蒂固的信条，企业经济效益的提升和生产规模的扩张天然具有合法性，全社会弥漫着一种"增长优先"的发展观；国家通过制定一系列政策鼓励经济扩张；企业生产效益的提升需要先进的技术，更多的资本得以积累并被用于新技术开发，国家对技术研发给予高强度的支持；资本开始从公共部门和社会支出中分离，主要用于支持扩展私人投资；由于核心企业经济效益的提升，工人工资水平得以保障，工会组织的罢工和抵制生产活动减少，工人具备了转化为消费者的经济基础；广告营销、信贷等行业高速发展，整个社会的消费能力也急速增长。在这一跑步机体系中，政府、企业、科学家、银行、工人（消费者）等几乎每

① K. A. Gould，D. N. Pellow and A. Schnaiberg，*Treadmill of Production*：*Injustice and Unsustainability in the Global Economy*，Routledge，2008，p. 3.

个主体都被卷入其中，每个人都是高水平生产的参与者和贡献者，为了自己的利益而参与其中。

总体来看，生产跑步机理论包含三层核心逻辑。其一，资本逻辑。企业以追求资本增值为主要目标，这种不断追求经济利益扩张的行为主要通过提升技术并扩大生产为手段；其二，政府逻辑。政府以追求税收、财政和就业等为目标。政府需要从扩大生产中产生赢利能力来诱导资本投资，产生附加市场价值以维持可供消费的工资水平，收取足够的税收用于各项社会支出；其三，社会逻辑。民众以赚取收入和通过消费追求享受为目标。对于普通民众来说，收入是其养家糊口的主要手段。普通劳动者形成了“努力工作即是美德”的认知。在低息贷款、信用卡、抵押贷款、广告等刺激下，工人成为消费者。在以上三种逻辑的作用下，西方工业化国家形成了由政府、企业和劳动力组成的政治联盟。这种基于各自利益组成的“松散”的联盟，却具有非常牢固的稳定性。这种联盟使得生产具有一种自我强化机制，犹如踏上了一台高速运转的跑步机。

在生产跑步机之外，消费跑步机（The Treadmill of Consumption）[①]的作用也日益凸显。尽管施奈伯格并未充分探讨消费跑步机，但需要强调的是，在现代社会，生产和消费构成了互为一体的跑步机，二者互相推动。生产的扩张为消费提供了充足的产品供给，而消费的扩张又为生产的进一步扩张提供了持续的动力。消费跑步机的加速带动了生产跑步机的加速。在现代消费社会，商品的符号意义以及由消费带来的精神满足成为人们消费的重要原因。生产者通过消费或是证明自己的经济能力，或是追求时尚。总之，消费被赋予诸多意义。当下，消费对生产的激励作用大大加强。在消费目标的驱动下，努力工作的消费者正成为生产扩张的动力源。

生产系统的高速运转和环境问题具有极为紧密的关联。社会的生产扩张必然要求从环境中获取更多的原料，而环境开采物的增加不可

---

① 贝尔：《环境社会学的邀请》，昌敦虎译，北京：北京大学出版社，2010年。

避免地造成生态问题。这些生态问题为以后的生产扩张设下潜在的限制。生产跑步机为我们描绘了一种不可持续的政治经济体系，即生产系统的扩张不断破坏生态系统，最终造成生态系统对社会系统的反噬。我们以汽车生产为例来说明生产系统扩张对环境的影响。在发达国家，几乎每个家庭都至少有 1 ~ 2 部汽车，汽车是居民日常生活的必需品。在汽车“生产阶段—消费阶段—废弃阶段”的产品生命历程中，从能源消耗、矿产开采和加工、污染物排放到废弃物丢弃等，几乎每一个阶段都伴随着对资源的消耗和对环境的污染。汽车的生产需要钢材类、油漆类、塑料类、橡胶类和玻璃类等原料。汽车生产阶段涉及矿山开采、金属冶炼、能源供给等；汽车消费阶段涉及油气开采、车辆尾气排放等；汽车废弃后，又会成为需要处理的金属垃圾。汽车生产对大气、土壤、水环境等都有严重的危害。生产跑步机理论指出，虽然像美国这样的工业化国家生产扩张和政治经济系统运转不断加快，但是总体的社会福利却停滞不前，生产系统的社会和生态效益甚至呈现负增长的趋势。[①] 经济和生态系统之间的交换在具体层面的表现是一种污染物的“添加”（additions）和自然资源的“提取”（withdrawals）过程。[②] 生产扩张消耗了大量的自然资源，也产生了大量的排放物，大规模不间断的生产造成生态的急剧衰退。

五　生产跑步机理论的关联理论与学术发展

（一）关联理论

1. 增长机器理论

莫洛奇（Molotch）等人提出“城市增长机器”（Urban Growth Ma-

① A. Schnaiberg, “The Economy and the Environment,” in Neil J. and Richard Swedberg, eds., *The Handbook of Economic Sociology*, Princeton: Princeton University Press, 2010, pp. 703 – 711.

② A. Schnaiberg, *The Environment from Surplus to Scarcity*, Oxford University Press, 1980.

chine）模型。[①] 这一理论最初的论述集中在被加速房地产开发的政治机器控制的城市。增长机器理论是对环境问题的一种政治经济学解释。他们指出，在城市的发展中，形成了包括政府、土地所有者、开发者、房地产公司等组成的增长联盟（growth coalitions）。增长联盟为了从相关房地产开发和房地产销售中获利，极力促进经济增长。他们动员地方政府官员回击反对房地产开发的居民。居民抗议开发常常是为了保留社区的使用价值，如舒适、安全、安静、无污染的居住环境。居民在与处于强势地位的增长联盟的斗争中常常失败。在这些增长联盟的推动下，二战后，北美、欧洲和东亚人口稠密地区的城市郊区发生了巨大的扩张。

2. 生态马克思主义流派

生态马克思主义流派继承了马克思对资本主义的生态批判，主要代表人物有詹姆斯·奥康纳（James O'Connor）、约翰·贝拉米·福斯特（J. B. Foster）等人。奥康纳提出了"资本主义第二重矛盾"，对资本主义生产和自然环境之间的矛盾进行了深入分析。福斯特对资本主义和生态危机有一系列有影响的研究。生态马克思主义将环境危机与资本主义制度直接关联，特别关注资本运行逻辑，在无止境的追求资本积累和增值的本性下，环境问题愈加严峻。生态马克思主义具有很强的批判色彩，同时，在环境危机的应对上也主张对社会制度进行根本性的变革。尽管生态马克思主义流派与生态跑步机理论都具有较强的批判性。但与生产跑步机理论相比，生态马克思主义流派更加注重对马克思生态思想的经典话语进行文本解读与当代运用，其思想也更为激进。相对来说，生产跑步机理论更加注重在经验现实中分析环境问题的形成机制，理论相对理性温和。

---

① H. Molotch, "The City as Growth Machine: Toward Economy of Place," *American Journal of Sociology*, Vol. 82, No. 2, 1976, pp. 309 - 332.

（二）学术发展

生产跑步机理论对二战后美国和主要工业化国家的环境衰退具有极强的解释力。生产跑步机理论也可以用于描述世界其他区域不断扩张的生产体系。20 世纪关于增长的意识形态在各种类型的社会中占据统治地位。即使是二战后的社会主义国家，在其日常运行中也可以被称为“类跑步机”（treadmill-like）[①] 的工厂，因为国家的目的是最大限度地提高重工业生产，中央政府为每个工厂设置了生产目标。生产跑步机理论在工作社会学、马克思主义社会学、政治社会学、城市社会学、世界体系社会学、种族、性别和阶级社会学等社会学分支学科之间架起了桥梁。

生产跑步机理论的后续研究注重应对变化的现实，提升理论的解释力。该理论提出后，其团队也在不断对其进行完善。施奈伯格团队对生产跑步机理论的发展主要体现在如下方面。

首先，扩展跑步机的研究范围。生产跑步机理论是基于国家层面而言的，主要分析美国，当然也可以分析其他工业化国家。施奈伯格预测资本投资的加速必然会加速跑步机运转，进而导致环境更快速地衰退。但是，随着工业化国家开始进行环境治理，环境状况出现改善的趋势，生产跑步机理论的预测面临新的挑战。此时，生产跑步机团队提出“跨国跑步机”（The Transnationalized Treadmill）概念，[②] 跑步机理论开始超越单一国家层面。其指出发达国家的环境改善是由于污染向欠发达国家转移。跨国跑步机将研究视角放在全球的范围，更能揭示全球环境的变化。

---

① T. K. Rudel, J. T. Roberts and J. A. Carmin, "Political Economy of the Environment," *Global Environmental Politics*, Vol. 37, No. 1, 2011, pp. 183 - 203.

② K. A. Gould, D. N. Pellow and A. Schnaiberg, "Interrogating the Treadmill of Production: Everything You Wanted to Know about the Treadmill but were Afraid to Ask," *Organization & Environment*, Vol. 17, No. 3, 2004, pp. 296 - 316.

其次，将生产跑步机理论用于经验研究之中。由于生产跑步机理论是基于已有的研究推理出来的理论，并没有相关的经验案例。生产跑步机团队将该理论运用于城市循环产业、环境运动等案例分析中，证实了该理论对经验事实具有较好的解释力。在一些环境抗争、环境正义运动中，生产跑步机成为环境问题产生的重要解释理论。①

其他学者围绕"跑步机"机制进行了大量研究，诞生了多种形式的"跑步机"。其一，破坏跑步机（The Treadmill of Destruction）。破坏跑步机主要分析由军事所导致的环境不正义问题。破坏跑步机是由地缘政治的独特逻辑所驱动的。在20世纪，为了保持世界领先的军事力量，美国生产、测试和部署了具有前所未有毒性的武器，却使美洲原住民暴露于有毒环境的危险中。其二，法律跑步机（The Treadmill of Law）。法律跑步机指通过环境立法和执法实践来塑造和维持生产的持续。这里使用的法律跑步机一词专门指的是环境法律法规反映和加强经济关系的方式。这些关系使生产跑步机的做法、关系、利益得以合法化和复制，有助于生产跑步机的扩展。此外，还有"犯罪跑步机"（The Treadmill of Crime）②、"积累的跑步机"（The Treadmill of Accumulation）③、政绩跑步机④等概念。

生产跑步机理论逻辑自洽，具有原创性的贡献，对现实环境问题具有极强的解释力。但是，跑步机理论的影响力在当下有减弱的趋势。跑步机理论主要解释二战后美国环境衰退的状况，其分析的生产过程和生产关系具有较强的时代性，遭受了"过时"的批评。巴特尔指出，当下生产跑步机影响力减弱的原因有以下方面：其一，带有新马克思主

① K. A. Gould, K. Gould and A. Schnaiberg, et al., *Local Environmental Struggles: Citizen Activism in the Treadmill of Production*, Cambridge University Press, 1996.

② P. B. Stretesky, M. A. Long and M. J. Lynch, *The Treadmill of Crime: Political Economy and Green Criminology*, Routledge, 2013.

③ John B. Foster, "The Treadmill of Accumulation," *Organization & Environment*, Vol. 18, No. 1, 2005, pp. 7-18.

④ 任克强：《政绩跑步机：关于环境问题的一个解释框架》，《南京社会科学》2017年第6期。

义色彩的政治经济学在最近几十年已经被其他理论潮流所遮蔽；其二，在西方经济已经转向信息技术、金融服务和娱乐产业的新自由时代，与制造业密切结合的跑步机理论在某种程度上有些落伍了。与生产跑步机理论相竞争的生态现代化理论的重要性日益凸显；其三，作为对工业社会和消费社会的分析，这个模型现在看来非常显而易见地，已经“常识化”了。①

六 结论

本文对生产跑步机理论的社会背景、学术缘起、理论创始人个人学术经历、理论的核心观点、学术发展等做出了较为细致的梳理。特别是尝试对生产跑步机理论缘起的社会、学术、个人背景做出较为详细的论述，从而让读者对生产跑步机理论形成更加全面立体的认识。自从生产跑步机理论被介绍到中国后，该理论在中国学界受到较多的关注，成为引用率最高的经典环境社会学理论之一。在理论“拿来”运用的同时，基于中国经验与实践，与经典理论交流与对话，超越经典理论，是中国学界理论创新的重要路径，也是当下学人义不容辞的责任。

① F. H. Buttel, “The Treadmill of Production: An Appreciation, Assessment and Agenda for Research,” *Organization & Environment*, Vol. 17, No. 3, 2004, pp. 323 - 336.

走向“天人合一”：费孝通的环境社会学思想及其生成探究

郑　进*

摘　要： 到目前为止，费孝通作为一个学术符号已经与“乡土中国”“差序格局”“文化自觉”等标签融为一体。鲜有研究讨论费孝通先生的环境社会学思想，更没有学者将他作为一个环境社会学家来看待。本文根据费孝通在不同时期关于“环境”的书写和思考，认为其环境社会学思想主要呈现四方面的内容：早期受功能主义影响，将环境作为有用的人文地理环境看待；在志在富民的使命感召下，探究环境作为发展的条件这一面向；乡村工业发展中作为问题的环境；文化视野中作为“天人合一”的环境。本文还尝试结合其个人生命史，从作为社会学家、“最后的绅士”和儒家三重身份分析其环境思想生成的可能缘由。尽管费孝通不是一名严格意义上的环境社会学家，但从强调环境主体性的角度思考其环境思想有着重要意义。

关键词： 费孝通　环境社会学　天人合一

* 郑进，江汉大学法学院讲师、硕士生导师，研究方向为环境社会学、移民社会学。

一 导言

作为20世纪中国最为杰出和博学的社会学家之一，费孝通一生留下960多万字的笔墨，有诗歌、散文、杂记、游记、报告、论文等多种文体，涉及社会学的多个领域。然而，也有学者认为费孝通一直在有意或无意忽略环境这一维度和环境问题，甚至在晚年力推小城镇的时候对已经出现的环境污染“视而不见”。[①]

费孝通作为一个学术符号已经与“乡土中国”“差序格局”“文化自觉”等标签融为一体，却鲜有研究讨论费孝通先生的环境社会学思想或将他作为一个环境社会学家看待。

其实，纵观费孝通的研究，尽管其对“社会”“生态”进行结构分析的色彩极为明显，但“社会”并非孤立存在，其所剖析的“社会”“生态”与“自然”“环境”紧密相联。特别是到了晚年，费孝通直言“人根据自身的需要造出来的一个第二环境”，社会和自然不是两个“二分”（duality）的概念，更不是相互“对立”的，是同一事物的不同方面、不同层次，要把“人”放到自然历史演化的总的背景下去理解。[②] 尚敬涛通过梳理学界对费孝通的再研究，发现无论是费孝通还是其研究者，都鲜少触及环境社会学这一议题，[③] 并且费孝通先生本人对环境的直接论述也确实着墨有限。不过很显然的是，费孝通本人并不是到了暮年才开始思考人与环境之间关系这一论题，其环境社会学思想/环境观一直贯穿于其社会学分析框架和理论视野之中。

费孝通尽管没直接提出自己的环境社会学思想，不过终其一生他

---

① 张玉林：《是什么遮蔽了费孝通的眼睛？——农村环境问题为何被中国学界忽视》，《绿叶》2010年第5期。

② 费孝通：《试谈扩展社会学的传统界限》，《群言》2003年第12期。

③ 包括费孝通的弟子在内的研究者对于费孝通先生的再研究都极少谈及其环境、生态类主题的研究，即使沈关宝对江村的再研究中论及环境的部分也不到400字。参见尚敬涛《费孝通生态环境思想与江村水域保护研究》，硕士学位论文，南京大学社会学系，2018年。

都围绕着环境社会学的核心议题——人类与非人类的自然环境之间不可分割的关系及互动[①]做研究，可以说对环境/自然与社会/文化的关系的思考是其一生的命题。从费孝通一生留下的文字来看，他的环境社会学思想大致可以梳理出以下四个主要方面：①功能主义影响下，将环境作为有用的人文地理环境；②志在富民，将环境作为发展的条件；③乡村工业发展中作为问题的环境；④文化视野中作为“天人合一”的环境。

二　有用的人文地理：功能主义视角下的环境认知

费孝通在清华大学和英国求学期间深受当时正流行的功能主义思想影响，此时费孝通十分倾向于近代思想家严复对“群学”的理解，将社会看作由人群组成的，他曾谦虚地表示其原因也许是在当时并没有意识到除了第一种看法之外，还有第二种看法，以及两种不同看法的区别。[②] 此时费孝通十分注重社会的功能和有用性，认为文化等人类创造的外在于社会的事物都是用来满足人们的某种需要的。也就是说，费孝通此时认为包括环境在内的一切是服务于社会的特定需要。

费孝通最早对“环境”因素的重视，从其将 community 翻译为“社区”这一中文概念时就已经初露端倪。20 世纪 30 年代，美国芝加哥大学社会学系的派克（Robert Ezra Park）教授来清华大学讲学，清华师生组织对派克的成果进行翻译，其中有一句是“Community is not society”，费孝通和他的同学们无法接受原有的“地方社会”的翻译，也无法将该句翻译为“社会不是社会”。经过一段时间的思考，费孝通提出将

① 大卫·佩罗、霍莉·布雷姆：《理论与范式：面向 21 世纪的环境社会学》，《国外社会科学》2017 年第 6 期。

② 费孝通：《个人·群体·社会——一生学术历程的自我思考》，《北京大学学报》（哲学社会科学版）1994 年第 1 期。

“community”翻译为“社区”，并得到了清华大学社会学系师生的认可。[①] 费孝通强调 community 的具体时空特性，特别是有一定具体空间边界的生活环境。作为费孝通的重要学术领路人的吴文藻先生也极为认可费孝通的这一翻译，曾明确提出社区包括“人民所居处的地域”[②]。由此可见，费孝通在步入社会学之初即已经敏锐地捕捉到人们生活的环境对于社会共同体形成的积极作用。

以费孝通的成名作《江村经济》为例，可以看到此时“环境”是作为一种对共同体的维系有着积极作用的人文地理环境而存在的。在进入人类学视角下对“中国农民的经济生活”进行描述之前，人文地理环境的介绍占据了重要位置。费孝通在开篇就指出“它旨在说明这一经济体系与特定地理环境的关系，以及与这个社区的社会结构的关系”[③]。在此时的分析框架中，地理环境作为“有用”的因素而存在，故而他在随后特地用了一章的篇幅来介绍调查区域，将作为自然的环境进行了横截面的介绍，包括区位环境、地理环境、生态环境，特别是这种环境下所形成的买卖制度。费孝通判断隐性的买卖制度和这一地方的区位组织一定有密切的关系，因为村里面仅存的两家杂货铺完全不足以供应村民们的生活所需，费孝通认为客观地理环境中一定存在着一种体系来支持江村村民的经济生活需求。[④]

在随后的云南三村研究中，人文地理环境的差异或者说因地理环境所导致的发展阶段性差异被魁阁研究者们作为选择田野点的重要依据，甚至易村是根据他们对农业发展和村庄与外面的关系而特地选择的一个十分偏僻的农村，费孝通和张之毅从昆明到易村就花费了 6 天时间。

---

① 丁元竹：《中文“社区”的由来与发展及其启示——纪念费孝通先生诞辰 110 周年》，《民族研究》2020 年第 4 期，第 22～24 页。

② 吴文藻：《花篮瑶社会组织》，载《费孝通全集》（第 4 卷），呼和浩特：内蒙古人民出版社，2009 年，“序言”。

③ 参见费孝通《江村经济——中国农民的生活》，北京：商务印书馆，2001 年，第 2 页。

④ 参见费孝通《江村经济——中国农民的生活》，北京：商务印书馆，2001 年，第 2 页。

尽管如今学界一般倾向于采取分期或者转型的视角看待费孝通，将早期的费孝通看作农村研究学者，不过将环境作为有用的人文地理环境的视角同样呈现在其早期对城市的分析之中。如同对江村的研究一样，费孝通同样认为都市社区研究的第一步就是发现它的自然区域。费孝通认为都市社区研究也需要将都市划分为若干自然区域，在此基础上思考各区域的生活形式、特点及不同区域的区别。①

此时费孝通对于文化的理解同样立足于具体的地理环境，他认为文化是土地里面长出来的，进而提出“文化本来就是人群的生活方式，在什么环境里得到的生活，就会形成什么方式，决定了人群文化的性质”②。从中不难看出费孝通强调一定人群所享有的文化受这个地方特定的环境塑造，无怪乎他会使用具有地理环境意味的“土”字来总结中国农村的特点，因为土地对中国农民产生了极为深厚的影响。③

概言之，此时期费孝通深受功能主义的影响，认为环境是有用的人文地理环境，用来满足一定范围内人们的各种需求。不无遗憾的是，在云南三村研究之后费孝通在相当长的一段时间内没有能够继续自由地对一个完整的社区做人类学研究，也没有书写民族志，在短暂地为国之前途奔走呼喊之后他被迫远离学术研究长达近30年，等他再次回归学术时，其关于环境的理解也发生了重要改变。

三 作为发展条件的环境

费孝通先生于1978年正式恢复工作，曾经年轻的他已是“春来秋去二十年，白了少年头”。自感学术生命有限的费孝通迅速投入社会学重建的艰巨工作之中。在《个人·群体·社会——一生学术历程的自

① 费孝通：《江村经济——中国农民的生活》，北京：商务印书馆，2001年，第129页。

② 费孝通：《土地里长出来的文化》，载《费孝通论文化与文化自觉》，北京：群言出版社，2007年。

③ 参见费孝通《乡土本色》，载《乡土中国》，上海：上海人民出版社，2006年，第5~9页。

我思考》一文中，费孝通回忆道：“我初学社会学时，并没有从理论入手去钻研社会究竟是什么的根本问题。我早年自己提出的学习要求是了解中国人是怎样生活的，了解的目的是在改善中国人的生活。”[①] 这一思想在费孝通的学术第二春时期表现得非常明显，甚至在他自己看来有时不我待之感。

特别是近半个世纪后，费孝通发现中国依然有很多农民的生活十分艰难、缺衣少粮，温饱问题没有解决。发觉自己离政治近了点、离学术远了点的他更加注重寻找改善中国农民生活的途径，他的使命是“志在富民”。《志在富民·代序》所言即是“我们要用知识推动社会前进。出主意、想办法、做实事、做好事”[②]。此后的一段时间内，费孝通先生对于“环境”的认知发生了非常重要的转变，从前一时期将“环境”当作“有用”的人文地理环境转变为将之当作社会经济发展的条件，即一定环境中的人如何与环境互动，如何让环境服务于社会发展。成于20世纪80年代的《赤峰篇》《武陵行》《临夏行》《重访民权》《凉山行》《定西篇》均是极好的证明。

以费孝通先生在1984年写作的《赤峰篇》为例，该报告的第一、二部分如对江村的描述一样，详细地记录了赤峰的地理环境、生态环境等，这继承了其前期功能主义的写作手法。在随后的第三部分费孝通先生写了赤峰在防治风沙方面的努力，随后重点提出了赤峰发挥自然环境的优势推进农牧结合发展地方经济的出路。在这里，区位环境、自然环境状况、交通状况等成了费孝通对环境进行思考的重要维度。[③]

在《武陵行》中费孝通更是直接使用“地貌和民族”作为第一节的标题，详细分析了“八山一水一分田”的环境下的丰富资源，在分

---

① 费孝通：《个人·群体·社会——一生学术历程的自我思考》，《北京大学学报》（哲学社会科学版）1994年第1期。

② 参见费孝通《志在富民——中国乡村考察报告》，上海：上海人民出版社，2004年，第2页。

③ 参见费孝通《赤峰篇》，载《志在富民——中国乡村考察报告》，上海：上海人民出版社，2004年，第135～159页。

析丘陵地区山地资源丰富的基础上提出发展庭院经济，让当地人能够从周边的生活环境中获得奔向小康的机会，也就是该报告中的“开始脱贫致富的最简单公式即劳动力与当地丰富资源相结合”[①]，直接点明了人依靠环境资源发展的思路。费孝通在《临夏行》中提出“处在农、牧中间地带的陇西走廊，应当自觉地抓住经济地理授予它的特殊地位，来发展自己的优势”[②]。

从这里不难看出，除了民族环境这一维度只在民族地区强调外，在费孝通心目中“环境”一般包含着地理、资源等维度。整体而言，费孝通这一时期思考的是如何发挥人的能动性，立足当地，找到当地所蕴藏的资源条件，并将这些条件转换成为市场经济中的资源，从而推动当地经济发展。

在“志在富民”的使命感的感召下，“想好好利用兜里所剩无几的‘生命资本’”[③]的费孝通在分析“环境”的区域背景维度的基础上，特别突出分析“环境”作为潜在资源和发展条件的一面。在《行行重行行》中，费孝通在各地不断寻找贫穷落后的原因、制约发展的关键因素，在环境中寻找潜在的资源优势。费孝通也特别高兴地看到各地经济社会状况都在不断改善。

四 作为问题的对象的环境

不得不说，如今环境污染问题或者环境问题的社会学分析是环境社会学的主流。尽管诸多费孝通思想研究者没有重视费孝通的环境思想，甚至张玉林认为坐在会议室里听取汇报和座谈，乘着轿车“走马

---

① 参见费孝通《武陵行》，载《志在富民——中国乡村考察报告》，上海：上海人民出版社，2004年，第379~394页。

② 参见费孝通《临夏行》，载《志在富民——中国乡村考察报告》，上海：上海人民出版社，2004年，第232页。

③ 参见《费孝通全集》（第17卷），呼和浩特：内蒙古人民出版社，2009年，第152页。

观花”，这种在费孝通的晚期社会调查中占主流的调查方式，以及对农村工业化的乐观期待遮蔽了费孝通的眼睛，使得他对包括江村在内的已经出现的环境污染问题“视而不见”并缺少了应有的问题意识。

然而，仔细梳理会发现，其实费孝通在江村调研之初就已然看到人们随意将生活用水、大小便直接排入门前的河道之中，导致夏天降雨量较少时臭气熏人，也直接影响了人们的饮水。① 不过此时费孝通先生更多是从中国文化“公”和“私”的角度来解释这些社会现象，当时这一季节性的污染问题到底多严重现在已然无法确证。

到了20世纪80年代，尽管费孝通极力推动社会学经世致用的一面，希望通过农村工业化和小城镇建设来达至民富，但老人家的眼睛并没有被遮蔽，也没有忽略环境问题，他同样在将环境作为问题的对象。

早在1984年，费孝通在《及早重视小城镇的环境污染问题》一文中首次直接提及环境污染，他发现至少在经济比较发达、小城镇工业有了一定发展的地区，污染已经是一个现实的问题，已经到了必须加以重视的程度。他意识到环境问题的不公正后果也已经出现，他写道：“特别值得重视的是，大中城市随着工业的扩散而扩散污染。大中城市污染小城镇，小城镇污染农村，这是小城镇和部分农村生态环境受到破坏的一个重要原因。”② 因此，不能说此时费孝通没有关注到“环境”的污染这一层面。

1985年前后在赤峰、定西调研时，费孝通也提到了这些地方由于人口的快速增加，出现了树木日稀、水土流失、沙化明显、草场退化等环境问题，甚至因为这些自然环境问题引发了农牧矛盾和一些冲突。费孝通认为人地矛盾是环境问题激化的重要因素。③

1992年，费孝通在《对民族地区发展的思考》一文中首先提出了

---

① 费孝通：《差序格局》，载《乡土中国》，上海：上海人民出版社，2006年，第20~25页。

② 费孝通：《及早重视小城镇的环境污染问题》，《水土保持通报》1984年第2期，第31~33页。

③ 具体参见《志在富民——中国乡村考察报告》中的《定西篇》《赤峰篇》等内容。

“边区的两个失调”中的“自然生态失调”。[1] 甚至一直到他最后一次访问定西的2003年，费孝通还写到定西在治理水土流失、改善生态环境工作上取得的一些成绩，指出把生态环境改造好，就像万里长征刚刚走了第一步，并与时任青海省副省长的洛桑灵智多杰讨论了甘南的生态问题。[2]

当然，费孝通晚年在《小城镇研究十年反思》一文中谦虚地反思了自己之前的“疏忽与过失”。他自我批评道只看到了小城镇的正功能，比如增加居民收入、起着人口蓄水池作用等，而没有从根本上抓住它的要害，费孝通讲道：“这10多年只吃了小城镇这颗核桃的肉，而丢了核桃的壳，软件固然味道好，硬件也应注意，不然小城镇会熙熙攘攘乱成一团，好好的江南水乡乱糟糟、不成格局，更严重的是污染青山绿水。”[3] 这或许是包括张玉林在内的学者认为费孝通的眼睛被遮蔽的“自我明证”。

由此可见，费先生在最后20余年的“行行重行行”之中，一方面努力从当地环境中寻找富民的办法、模式，另一方面也在揭示已然出现的环境问题。集学者与官员身份于一身的费孝通并没有完全忽略作为问题的环境。至于费孝通“眼睛被遮蔽”的缘由，从其近50万字的《行行重行行》中可以窥见端倪，即身居高位的他已经看到并撰文揭示了我国面临的生态环境问题和乡村工业污染问题，并从全局的角度指出了工业污染的不公正转移扩散问题。更为重要的是，费孝通看到了党和国家已经开始着手解决我国面临的环境问题，特别是由农牧业向工业发展过程中面临的污染问题、水资源问题。[4]

---

① 费孝通：《对民族地区发展的思考》，载《费孝通全集》（第15卷），呼和浩特：内蒙古人民出版社，2009年。

② 参见费孝通《又一次访问定西》，载《志在富民——中国乡村考察报告》，上海：上海人民出版社，2004年。

③ 费孝通：《小城镇研究十年反思》，载《费孝通全集》（第16卷），呼和浩特：内蒙古人民出版社，2009年，第33页。

④ 我国在20世纪90年代以后陆续开展了“三河”（淮河、海河、辽河）和“三湖”（太湖、滇池、巢湖）水污染防治、“两控区”（酸雨污染控制区和二氧化硫污染控制区）大气污染防治、一市（北京市）和“一海”（渤海）的污染防治工作。

当然，最为重要的应该是，作为一位研究格局和社会关怀格局已经不同于往昔的学者，进入费孝通思考和写作视域的无疑是他感到迫切需要关注的。毫无疑问，作为问题的环境无法排到前列，或者说费孝通毕竟不是一位专门研究环境问题、环境冲突的社会学家。

五　作为"天人合一"的环境

费孝通先生在"不知老之将至"的时候在全国各地"行行重行行"，但岁月不饶人，他已渐至高龄。他感慨道："从 1995 年开始，我觉得自己有点老了……1995 年以后，做事情有点力不从心了，感觉有个'老'字来了……开始考虑这个身后之事。"[①] 正是由于费孝通开始了自己的学术反思，特别是对 21 世纪出现的新现象的反思，他对"环境"的理解渐至更深的层次，此后"环境"不再是具体的物质环境、地理环境、生态环境了，人文环境和精神环境也被费孝通纳入其分析框架，或者是"把自然带回到社会之中抑或找回社会的自然之维"。[②]

费孝通对"环境"认知的改变，与他关于中西文化之别的思考紧密相关。早在 1947 年，费孝通在《乡土重建》中就开始思考中西文化的差异。面对社会的快速变迁，费孝通认为"人类进步似乎已不应单限于人对自然利用的范围，应当及早扩张到人和人共同相处的道理上去了"。[③] 不过遗憾的是，不久之后他失去了做田野调查和写作的机会，其思考也一时受限。

一直到 1985 年，费孝通先生才再次有机会延续 30 多年前的思考。在包头调研中，费孝通敏锐地发现工业企业中人文生态环境失调的问

① 参见费孝通《小城镇研究十年反思》，载《费孝通全集》（第 16 卷），呼和浩特：内蒙古人民出版社，2009 年，第 31～33 页。

② 陈占江：《"找回自然"：社会学的本体论转向——基于知识社会学的视角》，《鄱阳湖学刊》2021 年第 3 期。

③ 参见费孝通《中国社会变迁中的文化结症》，载《乡土中国》，上海：上海人民出版社，2004 年，第 120 页。

题，具体表现为两个方面：一是在企业内近亲繁殖，封闭社区的活力不断消耗；二是边区企业发展缓慢，人才流失严重。[①]

很快，费孝通发现边区人文生活环境的失调和自然生态环境的失调其实呈现交织互嵌的状态，生态环境并不是孤立变化的。在定西调研的时候，费孝通发现定西高寒干旱，水土流失严重，生态环境恶性循环，地方政府提出种草植树来改善生态环境，但是当地村民对种草植树的积极性却非常低。费孝通指出："草的转化就不单是自然生态的问题，而是一个人文生态如何与自然生态协调平衡的大课题……说通俗一点，就是人们干什么最为有利？怎么干才最有效？"[②] 费孝通据此提出了边区人文生态与自然生态协调平衡的问题。

费孝通意识到环境不仅有满足人们生活需要的功能，人与其所处的经济地理条件等要素还需要达到最佳配合的一种状态，这状态就是人与环境的一种友好共存模式。可惜的是，此时在边区很多地方环境冲突十分尖锐。1992年，在民族理论研讨会上，费孝通总结自然生态失调和人文生态失调是民族地区同样值得注意的问题，并且这两种失调会直接影响民族地区的持续发展。

在此之后，费孝通关于环境与人的关系的思考更上一层台阶。面对世界上不断出现的新危机，已到耄耋之年的费孝通开始了谦虚地"补课"，重新学习了马林诺夫斯基、史禄国、钱穆、潘光旦等人的著作。这让他再次对中西文化比较这一话题产生了巨大的兴趣，为其思考"人与环境"关系补充了养分。通过对东西文化进行比较，费孝通发现在西方文化中，人文世界被理解为人改造自然的成就，人与自然、文化与自然的对立成为西方文化的一个显著特色，他认为这是"天人对立"的西方宇宙观。在吸取前人的思想后，费孝通提出"天"与"人"关

---

① 参见费孝通《包头行》，载《志在富民——中国乡村考察报告》，上海：上海人民出版社，2004年，第135～159页。

② 参见费孝通《定西行》，载《志在富民——中国乡村考察报告》，上海：上海人民出版社，2004年，第178页。

系的差别是东西文化差别的根本所在，其实就是东西方对待自然环境的差别。[①]

在《试谈扩展社会学的传统界限》一文中，费孝通对人与自然、社会与环境的关系做出了系统的阐释。他认为应该把“人”放到自然历史演化的总的背景下去理解，人、“社会”、“人文”是自然的一部分，是人根据自身的需要造出来“第二环境”，“人文”的活动在很多方面利用自然，利用自然特性，顺着自然内在的规律，适应它的要求，为人所用，而不能真正改变这些规律和原则，也不可能和自然法则对抗，更不可能超越自然的基本规律。[②] 费孝通发现，从本质上看，人和自然是合一的，作为人类存在方式的“社会”，也是“自然”的一种表现形式。尽管此时费孝通对“环境”的理解多少受到功能主义思想的影响，不过受传统儒家哲学思想影响的痕迹已经跃然纸上。

此时的环境已然脱离了早期与自然相等的物质环境、地理环境，也与作为发展条件的环境有所区别。环境不仅蕴含了自然环境，还包含了精神环境、人文环境。费孝通晚年提及现代儒家思想代表的钱穆先生所研究的“天人合一”，他听说钱穆先生在仙逝之时对夫人言其对“天人合一”有了新的体会，而且颇有恍然大悟之感，可惜没有文字流传下来。费孝通认为这应该是潘光旦先生提出的“中和位育”，即人与环境都找到合适的位置，两者之间相互适应。[③]

六　费孝通环境思想形成的缘由分析

对于这位历经曲折的世纪老人，众多学者将其视为一座“探寻中

① 费孝通：《文化论中人与自然关系的再认识》，载《费孝通全集》（第17卷），呼和浩特：内蒙古人民出版社，2009年。

② 费孝通：《试谈扩展社会学的传统界限》，《北京大学学报》（哲学社会科学版）2003年第3期。

③ 费孝通：《文化论中人与自然关系的再认识》，载《费孝通全集》（第17卷），呼和浩特：内蒙古人民出版社，2009年。

国的现代性”的重要宝藏。陈占江认为目前的费孝通研究大概可以分为三种类型：由情入思、由时入思和由史入思。[①] 然而，不管哪一类研究，目前几乎没有学者去探讨梳理费孝通的环境观，甚至有学者疑惑在环境问题上“是什么遮蔽了费孝通的眼睛”。其实，看似不关注“环境”的费孝通一生都在关注“环境”，其对“环境”的理解和思考从未间断过，并且理解层次和深度与社会史和个人生命史紧密相关。本文将从三个方面剖析其环境思想形成的缘由。

（一）中国社会的“三级跳”的影响

毫无疑问，社会变迁深刻影响着人的思想观念，对于作为社会学家的费孝通的影响更是毋庸置疑。作为一名社会学家，费孝通自青年时期开始就十分关注中国社会的变迁，他曾言及我国社会变迁的“三级跳”对自己的影响。他说：“中国社会的这种深刻变化，我很高兴我在这一生里都碰到了，但因为变化之大，我要做的认识这世界的事业也不一定能做好……这是我的一个背景。要理解我作为学者的一生，不能离开这个三级跳。”[②]

中国社会的“三级跳”影响了费孝通关于“环境”的四个维度的认识。费孝通在《创建一个和而不同的全球社会》一文中将自己一生经历的20世纪中国社会发生的两大深刻变化和三个阶段归纳为“三级跳”，第一个变化是从传统性质的乡土社会变成工业化时期，第二个变化是从工业化走向信息化时期，中国社会经历了这三种形态的跳跃。[③] 作为世纪老人的费孝通刚好是这“三级跳”的见证者，他初入学界的时候就立志要研究社会、改造社会，正因为如此才对“环境”有着不

① 参见陈占江、娄雪雯《中国现代转型与费孝通的思想世界》，《社会学评论》2018年第5期。

② 费孝通：《创建一个和而不同的全球社会》，载《费孝通全集》（第17卷），呼和浩特：内蒙古人民出版社，2009年，第165～166页。

③ 费孝通：《创建一个和而不同的全球社会》，载《费孝通全集》（第17卷），呼和浩特：内蒙古人民出版社，2009年，第165～166页。

同的理解和认识。在观察处于传统社会的村庄社区时，费孝通强调人文地理环境对生活共同体的维系作用；在看到进入工业化社会后我国绝大部分农村发展缓慢时，开始关注环境的资源意义和工业发展过程中的污染问题；在信息化和全球化社会来临的时候，则从文化比较的角度思考人与环境的和谐相处关系。

（二）作为最后的绅士的关怀

杨清媚赞誉费孝通先生是“最后的绅士”，因为费孝通身上有着中国传统知识分子对社会的责任感，他称自己为“从改造社会出发而学科学的社会知识的人”[①]。作为最后的绅士，费孝通终其一生反对为研究而研究，希望以其学术研究来造福百姓，希冀自己的研究能影响施政者而让广大老百姓尽快走出“贫”“弱”的处境，即民富。

正是这一社会关怀，使得亲历了普通老百姓生活还是这么苦的费孝通将注意力转移到各地所处的环境中所蕴藏的可资利用的资源。他希望各地的资源可以加速跨区域流通，在市场中交易而变成经济价值。

当然，也正是作为绅士的关怀和责任感，费孝通发现在边区生态环境还没有得到明显改善的同时，乡土工业快速发展带来了环境污染问题，在不同的地区环境污染转移现象也愈演愈烈，农村的很多环境优势无法实现转化甚至还要被迫承担环境转移的负面影响。不过，也由于费孝通晚年担任领导职务，他留给后世更多的是关心和呼吁的身影。很显然，从时任青海省副省长的洛桑灵智多杰主动向费孝通先生汇报甘南生态问题这一细节可以窥探到，费孝通对环境问题的关注在政界非常有名。当然，费孝通对环境污染问题的直接描述确实在其近千万字的宝贵笔墨中显得不甚起眼。

---

① 杨清媚：《最后的绅士——以费孝通为个案的人类学史研究》，北京：世界图书出版公司，2010 年。

（三）费孝通的文化反思

尽管周飞舟认为费孝通的思想转向是他在对中国现实社会不间断的调查实践和反思中形成的，这种思想转向是一种“社会科学”的转向，而不是文化立场的转变。[①] 但不得不说，作为一生深受中西文化双重影响的学者，从费孝通晚年重读梁漱溟、钱穆等儒家学者的著作可以看出，与其说转向，不如说此时费孝通正在努力从传统儒家思想中汲取营养，以更深刻地思考中国社会的变革。

20世纪90年代末费孝通说“我很幸运，能在有生之年看到一个正在发生巨大变化的世界。但是，年龄已经不允许我再亲身进入这个精彩的世界里去做系统的实地调查了”[②]。如果说费孝通在相当长的一段时间内是“从实求知”的话，那么暮年的费孝通开始学习儒家的“格物致知”了。费孝通强调“对于‘人’和‘自然’的关系的理解，与其说是一种‘观点’，不如说是一种‘态度’，实际上是我们‘人’作为主体，对所有客体的态度，是‘我们’对‘它们’的总体态度”[③]。因此，可以说晚年的费孝通先生思考的是人与所处环境的和谐共生关系这一形而上的问题。费孝通亦期望人与环境之间能保持一个协调的局面，维持一种江南水乡的“美美与共”的状态。

七 结语

尽管费孝通不是一名严格意义上的环境社会学家，或者说我们现在不能以环境社会学家的标准来要求故人，但作为社会学家的费孝通

---

① 周飞舟：《从“志在富民”到“文化自觉”：费孝通先生晚年的思想转向》，《社会》2017年第4期。

② 费孝通：《进入二十一世纪时的回顾和前瞻》，载《费孝通全集》（第17卷），呼和浩特：内蒙古人民出版社，2009年，第273页。

③ 费孝通：《老来还是要再向前看》，载《费孝通全集》（第17卷），呼和浩特：内蒙古人民出版社，2009年，第468页。

有着重要的环境社会学思想这一事实无法轻易否认。

在费孝通的学术研究中，环境与人、社会的实然和应然关系，环境对于人和社会的价值等理论议题，一直有着极为重要的分量，特别是将环境作为主体的视角，是推动当下环境社会学深化发展的可能路径，这或许是重新思考费孝通的环境社会学思想的意义所在。另外，长期以来学术界多强调费孝通晚年的学术转向，其实如果从“环境”这一议题出发会发现，费孝通的学术思想有着极强的发展和贯通之处，人与环境的关系是他终其一生思考和回应的问题。费孝通先生虽未看到“天人合一”的至境，但在其环境社会学思想中，“天人合一”何尝不是其一生的追求。

制度、文化与认知的三重嵌入：民营企业绿色发展的实现路径*

——基于S涂料公司的实践经验分析

王　芳　党艺梦**

摘　要：本文以“虚联系”嵌入性为分析框架，基于对S涂料公司绿色发展实践的田野调查，发现民营企业绿色发展决策的制定和绿色行为的实施是制度、文化与认知三重因素共同嵌入和合力作用的结果。制度嵌入为民营企业绿色发展提供了生存保障，文化嵌入为民营企业绿色发展提供了认同动力，认知嵌入为民营企业绿色发展提供了价值导向。通过外部环境规制与企业自主约束的动能转换、独特绿色文化的构建和企业家环保精神的引领等手段，民营企业得以强化制度、文化与认知三重因素在绿色发展实践中的有效嵌入，而三重因素嵌入合力的形成，则成为助推民营企业实现经济效益、环境效益与社会效益“共赢”的关键路径选择。

---

* 基金项目：本文为国家社会科学基金项目“超大城市环境治理现代化实践体系创新研究”（19BSH056）的阶段性成果。

** 王芳，华东理工大学社会与公共管理学院教授，研究方向为环境社会学等；党艺梦，华东理工大学社会与公共管理学院博士研究生，研究方向为环境社会学等。

关键词：“虚联系”嵌入性 制度嵌入 文化嵌入 认知嵌入 民营企业

一 问题的提出

2019年1月，生态环境部与中华全国工商业联合会联合印发的《生态环境部全国工商联关于支持服务民营企业绿色发展的意见》指出，民营企业是“践行新发展理念、推进供给侧结构性改革、推动高质量发展、建设现代化经济体系的重要主体”之一，是打好污染防治攻坚战的重要力量。[①] 推动民营企业绿色发展，实现其经济效益、环境效益与社会效益的“共赢”，对推进国家经济的高质量发展和生态文明建设均具有十分重要的作用。

绿色发展是一种缓解“经济增长与资源、环境、生态之间矛盾”的经济发展方式。[②] 企业绿色发展是企业发展战略的一种“绿色化”选择，其核心要义是企业在发展规划制定以及产品研发、生产、经营和服务的全过程中选择并实施与绿色发展相适应的环境行为。已有关于企业环境行为的相关研究涉及经济学、管理学、环境学和社会学等多个学科，其中关于企业环境行为影响因素方面的研究是受到学界普遍关注的一个议题。具体到民营企业[③]绿色发展环境行为的影响因素而言，研究成果大体可以划分为两类。一类是对比性研究，常见的是民营企业与国有企业的对比研究。这类研究认为由于受到国家战略、市场环境、公

① 《生态环境部全国工商联关于支持服务民营企业绿色发展的意见》，中华人民共和国生态环境部网站，2019年1月17日，http://www.mee.gov.cn/xxgk2018/xxgk/xxgk03/201901/t20190121_690273.html。

② 参见李晓西、刘一萌、宋涛《人类绿色发展指数的测算》，《中国社会科学》2014年第6期。

③ 本文的“民营企业”主要指的是生产经营类的民营企业，其绿色环境行为或绿色发展实践的表现形式包括产品的绿色研发、绿色生产、绿色营销与绿色服务等。

众监督、舆论危机和政府压力等五大因素，[①] 以及自身体制属性和优势的影响，[②] 国有企业绿色发展的环境行为相比于民营企业更加积极和主动。[③] 另一类是重点考察某一特定的因素对民营企业绿色发展影响的研究。这类研究指出环境管制[④]、党组织治理参与[⑤]、强制性减排政策[⑥]等因素会对民营企业绿色技术创新、环保投资、工业结构升级等环境行为产生明显的影响。

从社会学的视角来看，企业环境行为作为一种组织经济行为，其本质上也是一种社会行为，因而会受到社会结构、社会关系及社会环境等社会系统因素的影响。鉴于社会环境往往具有复杂性、不确定性和可变性，其对组织经济行为的影响又可以分为“实联系”影响和“虚联系”影响。其中，“实联系”影响指的是诸如政府、行业协会、社会组织等实体组织对其产生的影响；“虚联系”影响则指的是政治、文化和制度等非实体组织类因素对其所产生的影响。[⑦] 进而言之，民营企业在经济发展过程中采取何种环境行为以及能否实现绿色发展，不仅受到来自政府、市场、社会等相关利益主体间“实联系”结构性力量的制约，而且受到制度、文化、认知等诸多“虚联系”结构性力量的影响。上述已经开展的相关研究分别从不同维度对民营企业环境行为与社会结

---

① 参见何劭玥《国有企业绿色转型影响因素研究——以中国石化A企业为个案》，《广西民族大学学报》（哲学社会科学版）2017年第6期。

② Li Xiaowei，Du Jianguo and Long Hongyu，“Green Development Behavior and Performance of Industrial Enterprises Based on Grounded Theory Study：Evidence from China，” *Sustainability*，Vol. 11，No. 15，2019，p. 4133.

③ Jiang Xinfeng，Zhao Chunxiang and Ma Jingjuan，et al.，“Is Enterprise Environmental Protection Investment Responsibility or Rent-seeking? Chinese Evidence，” *Environment and Development Economics*，Vol. 26，No. 2，2021，pp. 169 – 187.

④ 参见王俊豪、李云雁《民营企业应对环境管制的战略导向与创新行为——基于浙江纺织行业调查的实证分析》，《中国工业经济》2009年第9期。

⑤ 参见王舒扬、吴蕊、高旭东、李晓华《民营企业党组织治理参与对企业绿色行为的影响》，《经济管理》2019年第8期。

⑥ 参见徐圆、陈曦、郭欣《强制性减排政策与工业结构升级——来自民营企业的经验证据》，《财经问题研究》2021年第2期。

⑦ 参见杨玉波、李备友、李守伟《嵌入性理论研究综述：基于普遍联系的视角》，《山东社会科学》2014年第3期。

构或者社会关系间的联系开展了研究，但这些研究的重点大都是对企业与其他组织实体之间联系的探讨。尽管这一研究状况近年来发生了一些变化，表现为有学者开始探讨制度[①]、文化[②]、认知[③]等非实体组织类社会环境因素对企业绿色行为的影响，但这些为数不多的研究基本上是针对单一影响因素进行的数据分析或模型建构，尚缺乏针对企业，尤其是民营企业环境行为影响因素的多样化的经验分析及其背后绿色发展决策机理的深入探讨。

基于此，本文拟以被誉为中国“最美企业”的民营企业S涂料公司为个案，通过对这一个案开展绿色发展实践的经验考察，系统分析制度、文化与认知等多重“虚联系”社会环境因素对民营企业环境行为的影响，深入解析民营企业绿色发展决策及其绿色行为实施得以发生的内在机理，以期为民营企业的绿色发展探寻可供选择的实践路径。

二 “虚联系”嵌入性：分析的框架

“嵌入性”概念的提出源于匈牙利政治经济学家卡尔·波兰尼（Karl Polanyi）。波兰尼通过研究发现，“经济并非像在经济理论中那样是自主（autonomous）的，而是从属于政治、宗教和社会关系”。[④]“嵌入性”概念的提出说明了经济体系运作过程中所蕴含的社会体系的影响，并从宏观上强调了经济系统与社会系统之间的联系。其后，美国社会学家马克·格兰诺维特（Mark Granovetter）的研究创造性地对“嵌入性”概念进行了重新阐释，提出了结构嵌入性和关系嵌入性，

---

① 参见陈宗仕、刘志军《环境保护制度建设与民营企业环保投入研究》，《广西民族大学学报》（哲学社会科学版）2017年第6期。

② 参见张长江、张玥、施宇宁、陈瑶《绿色文化、环境经营与企业可持续发展绩效——基于文化与行为的交互视角》，《科技管理研究》2020年第20期。

③ 参见邹志勇、辛沛祝、晁玉方、朱晓红《高管绿色认知、企业绿色行为对企业绿色绩效的影响研究——基于山东轻工业企业数据的实证分析》，《华东经济管理》2019年第12期。

④ 卡尔·波兰尼：《大转型：我们时代的政治与经济起源》，冯钢、刘阳译，北京：当代世界出版社，2020年，“导言”，第17页。

用以强调社会结构或社会网络关系对组织经济行为的影响，认为组织经济行为是“适度嵌入”在社会结构中的，并且受到社会网络关系的影响。[①]

随着嵌入性理论研究的不断发展，有研究指出，结构嵌入性或关系嵌入性“在强调经济与人际关系网络不可分离的同时，明显地忽视了政治、文化和制度因素对经济行动的影响……无法从宏观上把握经济现象”[②]。美国社会学家莎伦·佐金（Sharon Zukin）和保罗·迪马乔（Paul DiMaggio）的研究则在一定程度上弥补了嵌入性理论的这一缺陷。他们将经济行为具有的嵌入性划分为四种类型，即认知、文化、社会和政治嵌入性。[③] 其中，社会嵌入性即结构嵌入性，与格兰诺维特表达的观点相类似，表现为组织与其他组织实体之间的联系；而政治嵌入性、文化嵌入性和认知嵌入性则表现为组织与非实体类社会环境之间的联系，也被称为“虚联系”嵌入性。

进而言之，“虚联系”嵌入性，是指组织经济行为受其“所处的政治制度、社会文化以及长期所形成的群体认知”的影响，“表现出的政治嵌入性、文化嵌入性和认知嵌入性”。[④] 其中，政治嵌入性指的是融入权力关系的国家法律框架对组织经济行为的影响，反映的是“权力不平等的经济行动的来源和手段”，[⑤] 一些学者用类似于政治嵌入性的概念——“制度嵌入性”来说明制度环境对组织经济行为的影响[⑥]（本

① Mark Granovetter, “Economic Action and Social Structure: The Problem of Embeddedness,” *American Journal of Sociology*, Vol. 91, No. 3, 1985, pp. 481 - 510.

② 符平：《“嵌入性”：两种取向及其分歧》，《社会学研究》2009年第5期。

③ Sharon Zukin and Paul DiMaggio, *Structures of Capital: The Social Organization of the Economy*, Cambridge: Cambridge University Press, 1990, p. 3.

④ 参见杨玉波、李备友、李守伟《嵌入性理论研究综述：基于普遍联系的视角》，《山东社会科学》2014年第3期。

⑤ Sharon Zukin and Paul DiMaggio, *Structures of Capital: The Social Organization of the Economy*, Cambridge: Cambridge University Press, 1990, p. 20.

⑥ Abolafia M. Y., “The Institutional Embeddedness of Market Failure: Why Speculative Bubbles Still Occur,” *Markets on Trial: The Economic Sociology of the US Financial Crisis: Part B*, Michael Lounsbury and Paul Hirsch, Emerald Group Publishing Limited, 2010, pp. 177 - 200.

文亦然，即用“制度嵌入性”分析制度环境因素对民营企业绿色行为的影响）；文化嵌入性是指包括集体理解等组织所处的社会文化因素对组织经济行为的影响；认知嵌入性则是指组织中群体心理结构化规律对组织经济行为的影响。①

从对本研究的案例S涂料公司具体情况的调查和分析来看，制度、文化与认知嵌入性所构成的“虚联系”嵌入性，与民营企业环境行为和绿色发展实践之间存在较高的契合度。表现之一是两者之间存在逻辑起点上的契合。“嵌入性”概念的提出及理论的发展，本质上是弥补“经济人”假设的原子化缺陷，通过找寻影响组织经济行为过程和结果的外部变量，揭示组织经济行为与社会环境之间不可分割的联系，它超越了经济学的“刺激－反应”行为主义模式框架和“成本－收益”理性衡量框架。民营企业发展的战略导向和管理决策等通常与企业主本人紧密相关。在一定程度上说，企业主也并非经济学所认为的完全意义上的理性“经济人”，因而这两者从逻辑起点上来看是比较契合的。表现之二是两者内在关联上的契合。“虚联系”嵌入性关注组织经济行为背后的制度、文化、认知等结构性力量，而民营企业所处的经济系统与社会系统之间无疑也是一种“嵌入性”的关系，并且企业环境行为是“嵌入”在制度、文化等结构性因素所构成的社会环境之中的，换言之，绿色发展正是民营企业在这些结构性力量的影响下所做出的“绿色化”环境经济行为选择。

由此可以说，制度嵌入性、文化嵌入性及认知嵌入性所构成的“虚联系”嵌入性理论，为探寻民营企业绿色发展决策及其绿色环境行为实施的内在机理提供了一个独特的切入点和相适配的分析框架。有鉴于此，本文力图从“虚联系”嵌入性理论视角出发，同时基于对民营企业S涂料公司这一具体研究个案绿色发展实践的实地考察，建构由

① Sharon Zukin and Paul DiMaggio, *Structures of Capital: The Social Organization of the Economy*, Cambridge: Cambridge University Press, 1990, pp. 15－17.

制度、文化与认知嵌入性所构成的“虚联系”嵌入性分析框架（见表1），以对民营企业绿色发展可能的实现路径进行经验分析和学理探讨。

表1 基于民营企业绿色发展实践经验的“虚联系”嵌入性分析框架

影响因素	依赖条件	作用机理
制度嵌入性	环境制度、环保政策法规、行业规范、企业内部环保管理条例、奖惩机制	生存保障
文化嵌入性	企业绿色发展信念、价值观、传统生态文化、地方性环境文化	认同动力
认知嵌入性	企业管理者的环境意识、员工的绿色群体认知、环保压力感知、履行绿色责任的体验	价值导向

三 “三绿”为本：S涂料公司绿色发展实践案例考察

创立于2002年的S涂料公司（以下简称S公司）总部位于福建省莆田市，于2016年成功上市。该公司主要从事绿色建材（包括内外墙涂料、防水、保温、地坪、辅材）、高品质涂料、家居新材料、基辅材等绿色产品的研发、生产、销售与服务。与已有研究大都重点关注污染型企业不同的是，作为本研究案例的S公司从仅有一条生产线的“小作坊”开始，便将“绿色基因”嵌入了企业的发展战略之中，属于典型的绿色发展型民营企业，被誉为中国“最美企业”。走过20年的绿色发展之路，S公司已成为在全国各地设有13个生产基地的一家龙头企业，并且在2020年跻身全球顶级涂料制造企业15强。鉴于涂料行业与生态环境之间所具有的高度关联性以及S公司作为民营企业在该行业中所处的关键性地位。在一定程度上说，对S公司绿色发展实践的观察和分析，不仅可以透视涂料行业实现绿色发展的独特性，也可以通过研究来探寻中国民营企业绿色发展的某些共性特点和规律。

（一）“打磨”绿色产品：创造“企业绿”

2002年，国内涂料行业大概有8000多个厂家、15000个品牌，产品质量良莠不齐，市面上几乎很难找到健康环保的涂料。S公司率先在行业内提出“健康漆”的概念，致力于为消费者提供健康环保的产品。与大多数企业在发展成熟之后才导入企业文化不同，S公司的老板在创办企业之初便构建了一套企业绿色文化，并确定了企业绿色发展战略。这使得S公司与同行竞争者之间形成了显著“区隔”，为企业绿色发展奠定了绿色“基调”。通过不断“打磨”绿色产品，S公司率先在行业内创造出独特的“企业绿”。

在产品研发环节，为了研制出极致性能的绿色产品，S公司不满足于符合国内或国际标准，而是在行业内独创了“健康+”新标准，这一标准中的挥发性有机化合物（VOC）、游离甲醛、苯、重金属、气味等各项指标均远高于国内和国际标准。仅就其中的重要指标挥发性有机化合物（VOC）来说，2016年S公司实行的标准是VOC≤10g/L，2018年再次将标准提高至VOC≤7g/L，这一数值约为国家标准指标的1/17，约为环境保护标准指标的1/7，远高于国家绿标要求。[①] 为了达到严苛的标准，S公司投入了大量的人力、物力和财力，不仅在全国乃至全球设有多个研发和技术中心，获得了第18批“国家认定企业技术中心”的称号，还聘任了诺贝尔化学奖得主作为研发团队的首席技术顾问，与国内多所院校建立了产学研合作。在研发投入上，即便在2020年受到新冠肺炎疫情的影响，企业发展遭受严重冲击的情况下，依然保持较高的研发投入（20703.44万元，同比增长58.86%），占当年营业总收入（820022.84万元）的2.52%。[②]

在产品生产环节，S公司高度重视园区生产环境的绿色化，积极建造能办生态游的零污染“国家级绿色工厂”。园区在保留原生态的基础上，大量植绿造绿，仅总部工厂及周边街道、社区绿化面积就达到12万平方米，并且在建设新工厂时还通过采用绿色建筑技术，预留可再生

① 数据引自《S企业2018年度企业社会责任报告》。
② 占比根据《S企业2018年度企业社会责任报告》中的数据计算得出。

能源应用场所和设计负荷，对厂内能量流、物质流等加以合理布局，由此成为涂料行业拥有绿色工厂数量最多的企业。与此同时，公司也非常重视生产过程的清洁、节能、减排、污染物处理与废弃物回收利用等。2009年，S公司在行业内率先采用清洁生产模式，并建立了全过程污染控制体系。之后每年投入数千万元，不断改进污染治理设施及风险防范措施，在加强环境管理方面取得了显著成果。

（二）营造绿色“生态圈”：引领“行业绿”

绿色产品的生产离不开整个供应链的绿色环保，S公司建立并推行生产者责任延伸制度，对产品承担的资源环境责任从生产环节延伸到产品设计、流通消费、回收利用、废物处置等全过程生命周期，不仅重视生产过程中的绿色环保，并且重视整个产业链的绿色环保，以营造绿色“生态圈”的方式，引领整个行业的绿色环保。

一方面，公司根据《绿色产品评价－涂料》（GB/T35602—2017）“不得有意添加有害物质”的要求，从环保设施的配备、产品生命周期等方面综合考虑能源低碳化、材料绿色化和对环境无害化问题。另一方面，公司积极推行绿色采购标准，保证产品原料质量和健康性能。公司内部按照“三位一体”制度，多部门共同把关，选用对自然破坏较少的材料，联合上游供应商、下游客户，制定《涂料绿色供应链白皮书》，承诺控制从原材料到成品中禁用物质、限制物质的使用，促进包装物循环利用，打造绿色生态圈，带动上下游合作伙伴共同实现转型升级，让整个产业链“绿起来”。此外，公司建立了卓越供应链运营体系，充分利用现代化信息技术（SAP）和自动化技术（MES），深化客户管理系统（C2M）的应用，以大数据管理平台为信息支撑，建立科学生产模型，搭建信息化、智能化、可视化的供应链管理平台。

生产者责任延伸制度保证了S公司产品“从头绿到尾”，因而产品能够获得极致的环保性能。“金鱼实验”就是体现S公司产品环保性能的一个例证。金鱼作为观赏性鱼类，对刺激性异味、污染物具有极高的敏感度，在添加S公司环保涂料的水缸中，金鱼试养15天、30天都未出现异常。正是基于对环保性能的极致追求，S公司所研发的产品先后获得多项行业认证，在8000余种产品中，有44种产品于2021年通过北京中化联合认证有限公司（HQC）首批中国绿色产品认证，且目前已有10多种产品通过了“史上最严格的环保认证”——德国蓝天使环保认证，众多产品还被列入政府采购“绿色产品清单”。

（三）履行企业绿色责任：带动“社会绿”

企业绿色责任是“企业在环境影响、资源利用方面所承担的社会责任”，“核心是把人与环境之间的和谐作为企业生产经营的指导思想，把企业盈利活动建立在环境保护的基础之上，以实现企业经济效益和环境效益的和谐统一”。[①] 除了以上在产品研发与生产过程中履行的绿色责任外，S公司还以绿色营销和绿色服务以及投身环保公益事业等方式为依托，面向消费者和社会公众大力宣传绿色环保理念和环保知识，引导消费者选择绿色消费和生活方式，积极倡导和引领公众参与环境保护的行动，以此来带动“社会绿”。

在产品营销方面，S公司以绿色产品为载体，通过利用绿色文化进行产品营销，倡导消费者绿色消费。一是通过“健康漆”“无醛”“净味”等行业先进概念的推广，来打破消费者对涂料产品的固有认知，帮助消费者接受环保涂料产品的科学知识及其相关的绿色环保生活理念；二是通过将产品的环保性能充分展示给消费者，引导和帮助消费者选择绿色产品和健康的生活方式。在产品服务环节，公司一改传统涂装模式，率先在行业推出了整体涂装的“一站式”服务模式。该模式提供绿色产品定制化服务，能够避免生产过剩带来的资源浪费，同时，回收建筑垃圾等服务能够有效提高资源的利用率，因而能够比传统模式产生更多的环境保护效益。S公司绿色产品的销售及其配套的绿色服务

---

① 王积超：《企业社会学》，北京：中国人民大学出版社，2012年，第217页。

的提供，不仅保证了消费者房屋环境的健康和安全，也有助于提高消费者的健康环保意识，激发其绿色消费行为的发生。

积极投身环保公益事业是S公司“反哺”生态环境、履行企业社会责任的另一个重要表现。S公司参与的第一项公益活动就与环境保护相关。2016年上市以后，S公司先后参与了“美丽乡村－公益扶贫”项目、“保护母亲河”行动、“中国鲜呼吸公益行”及“戈壁清泉”公益项目等一系列环保公益行动。S公司做公益的最大特点是以解决社会问题为出发点，以企业和产品本身为基础，寻找经济效益、环境效益与社会效益之间的平衡。比如，公司开展的“美丽乡村－公益扶贫”项目，不仅利用企业的绿色产品美化了乡村人居环境，提升了企业绿色环保的社会形象，而且通过帮助乡村打造特色生态旅游产品，带动了乡村生态经济的发展，让更多的村民意识到良好生态环境的价值和重要性，从而增强了他们保护乡村生态环境的内生动力。2018年，公司还专门成立了公益基金会，并以企业为依托，以产品和服务为载体，主动组织了多项环保公益项目。该公益基金会于2021年获评“中国社会组织评估AAAA级”称号。投身环保公益事业的过程不仅提升了企业的“绿色形象”，也带动了一大批合作伙伴、消费者、社会各界人士共同投身于环保事业之中。

四　制度嵌入：民营企业绿色发展的生存保障

通过“打磨”绿色产品、营造绿色“生态圈”和履行企业绿色责任，S公司依托绿色研发、绿色生产、绿色营销与绿色服务等环境行为的实施，走出了一条民营企业的绿色发展之路。从“虚联系”嵌入性的视角来解析S公司绿色发展实践的经验可以发现，民营企业绿色发展实践的生成是制度、文化与认知三重嵌入的结果，其中制度嵌入是影响企业环境行为的首因，为企业的绿色发展提供了根本的生存保障。

“制度一般可以被理解为约束人类行为的一系列规则，在人们遵守或违反它的时候，它可以提供奖励或制裁。”[①] 对于经济组织而言，制度作为“游戏规则”，一方面制约着组织的行为，另一方面又激励着组织的行为，为此组织可以通过将制度纳入其中，使其结构与制度环境同构，来获得合法性、资源、稳定性和生存前景。[②] 同样，民营企业的发展也会因嵌入制度环境[③]而受到制度规则的约束与激励，选择绿色发展、实施绿色环境行为则是民营企业遵循制度环境绿色化“游戏规则”的结果，亦即通过不断接纳来自制度环境的施压来获得生存和发展的合法性，以此来为企业的绿色发展提供生存保障。为了最大限度转化制度环境的压力，民营企业需要从以下三个方面促进制度的有效嵌入。

首先，为保证“行得正”，民营企业需要主动配合政府的环境规制，将外部压力转化成内在“动能”。为此，一是要将环境规制融入企业发展战略，尤其是融入产品体系的布局中。2021 年国家关于“碳达峰”“碳中和”政策出台以后，S 公司迅速将绿色低碳发展纳入 2021 ~ 2025 年的企业战略规划中。外墙保温材料符合国家节能减排大政方针，能够给企业带来新的发展机遇，因此 S 公司重点对此类产品进行了布局。二是提高企业技术创新能力，加大研发投入力度。有研究表明，采取“主动型”环境战略的民营企业，更倾向于改进绿色工艺或开发绿色产品。[④] 绿色技术创新不仅能够使企业避免环境规制的惩罚，还能够为企业带来经济效益与环境效益。三是要建立污染排放自行监测系统，

---

① 王芳：《理性的困境：转型期环境问题的社会根源探析——环境行为的一种视角》，《华东理工大学学报》（社会科学版）2007 年第 1 期。

② Meyer J. W. and Rowan B. , “Institutionalized Organizations: Formal Structure as Myth and Ceremony,” *American Journal of Sociology*, Vol. 83, No. 2, 1977, pp. 340 – 363.

③ 制度通常分为正式制度与非正式制度，本文的制度嵌入取的是狭义的制度，即只讨论正式制度，如国家层面的环境政策或环保法规、市场层面的行业标准或行业规范以及企业层面的环境管理制度等。

④ 参见王俊豪、李云雁《民营企业应对环境管制的战略导向与创新行为——基于浙江纺织行业调查的实证分析》，《中国工业经济》2009 年第 9 期。

及时公示环境信息。尤其对上市民营企业来说，自行监测与环境信息公示是企业在履行绿色责任方面进行自我规制的重要方式。S公司为严格执行国家环境保护法律、法规和政策，建立全过程污染控制体系，结合信息化管理和绩效考核制，对“三废”进行了“责任到人”的实时监控，并在2016年上市以后，每年都按要求在企业官网上进行环境信息公示，接受政府和社会的监督。

其次，为保证“立得住”，民营企业需要顺应行业发展的环保规范，将无序竞争转化成合作共赢。2000年是中国涂料行业一个重要的转折点，即从原来高污染的传统溶剂型涂料开始向环境友好型涂料（水性、粉末、UV固化等涂料）转变。因此，S公司在创立之初便顺应了行业环保趋势，实行了绿色发展战略，并通过两种主要方式促进了行业规范性制度的有效嵌入。方式之一是不断提高企业在行业协会中的地位，从参与行业标准制定到制定行业最高标准。行业协会作为一种中间组织，能够通过更加细化、普适性的国家环保规制的方式，以行业标准或规范约束民营企业的环境行为。S公司不仅与行业协会合作推进了“绿标行动”，参与《绿色产品评价涂料》等标准的制定，并且制定和实施了“健康+”行业最高标准，不断提升企业的行业引领地位。方式之二是实施生产者责任延伸制度，延长绿色产业链，打造行业“生态圈”。行业结构在此过程中逐渐完善，行业规范性制度则得到了扩散性嵌入，有利于带动整个行业的绿色发展。

最后，为保证企业“走得远”，民营企业需要完善企业环境管理制度体系，将外部嵌入转化为自主约束。为此可以从强制性环保制度入手，设立类似于“环保底线”的制度，从根源上制约民营企业生产经营对生态环境的影响。另外，可以配置相应的鼓励性环保制度，如S公司通过《技术创新、管理创新奖励办法》《技术创新奖励制度》《十大技术创新工作者评选》等一系列绿色创新激励制度，为产出绿色创新成果的员工发放奖励，以此不断激发员工的绿色创新行为。

五　文化嵌入：民营企业绿色发展的认同动力

“文化是一套价值观念以及赋予其意义的实践活动”[①]，相对于制度的正式嵌入，文化是“通过信仰和理念、习惯成自然的假设或非正式的规范系统来影响经济，并因此设定了经济理性的极限”[②]。S公司的绿色发展可以说也是文化嵌入的结果，即民营企业在追求经济利益的同时，也会受到社会文化环境的影响。文化作为一种认同动力，能够使民营企业获得发展所需的利益相关者的认同，并不断激励其实施绿色行为。

为了更好地发挥文化的嵌入性作用，推动企业的绿色发展，民营企业有必要通过内化社会文化环境中的绿色因素，构建企业独特的绿色文化。S公司的企业文化包含传统文化与地方性文化中的绿色符号、环保理念等，并且其企业文化带有企业主鲜明的个人特征。S公司的创始人深受老子思想的影响，老子思想蕴含着诸多“人与自然关系”的表述，例如“人法地、地法天、天法道、道法自然”所表达的意思就是要“怀敬畏之心、循自然之道、行和谐之路”。S公司正是基于此构建了以“敬天爱人”为核心的企业绿色文化，崇尚“万物睦邻”“天人合一”的和谐生态体系，倡导企业与自然之间不占有、不索取、不控制的友好关系。此外，作为莆田人，S公司创始人还受到妈祖文化潜移默化的影响。莆田是妈祖文化的发源地，作为“海上女神”的妈祖，一直以来都是远航平安的祈福信仰对象，由妈祖信仰衍生而来的妈祖文化，蕴含着博爱、向善等精神以及丰富的生态环保理念，其中最主要的理念就是敬畏自然、与自然和谐相处，这与道家思想有着异曲同工之

① Paul DiMaggio, “Culture and Economy,” *Handbook of Economic Sociology*, Neil Smelser and Richard Swedberg, Princeton University Press and Russell Sage, 1994, pp. 27 – 57.

② 甄志宏：《从网络嵌入性到制度嵌入性——新经济社会学制度研究前沿》，《江苏社会科学》2006年第3期。

处，这些精神与理念是S公司“敬天爱人”企业文化的重要来源，也是其遵循绿色社会责任理念的动力源泉。

传统文化与地方性文化中的绿色因素，需要内化为企业绿色文化才能对企业绿色发展实践产生作用，而且企业绿色文化形成后，民营企业还需要沿着三个向度来不断推进文化对绿色发展的有效嵌入。其一是需要通过与员工“共创”，促进企业绿色文化的内部嵌入。绿色文化在企业生产经营的过程中逐渐稳定之后，能够在企业内部形成一种约束力，同时也能刺激员工绿色行为的发生。围绕产品周期，S公司在研发环节遵循“极致健康”的理念，在生产环节遵循“绿色智造”的理念，在营销环节遵循“健康、自然、绿色”的理念，在服务环节遵循“安全、环保”的理念。在这些绿色文化理念的影响下，员工不断“共创”，使S公司产品在中国涂料行业内率先实现了“健康”“无醛”“净味”等极致环保性能。其二是需要通过与合作者“共享”，促进企业绿色文化的平行嵌入。S公司以工厂、产品等外显的物质文化符号吸引合作者，通过举办“文化节”的形式，邀请合作者参观绿色工厂，共享企业保护自然、绿色发展的成果，以物质文化为载体增强品牌在行业内的影响力，与合作者在相互认同的基础上加强合作。其三是需要通过与消费者“共情”，促进企业绿色文化的外部嵌入。企业产品本身就是一种基于共识意义之上的文化产物，是一种文化意义的符号表现。[①] S公司以绿色产品为载体，率先提出“健康漆”“净味漆”等行业新概念，不仅为消费者提供了绿色产品，迎合了消费者日渐提高的家居健康环保意识，还通过这些带有文化特点的概念，扭转了消费者对涂料“有毒”的认知，改变了消费者对涂料的刻板印象，同时能够鼓励消费者购买环境友好型产品，使其感受到自己购买的不仅是健康环保的绿色产品，而且是绿色产品背后所蕴含的绿色文化理念和健康的生活方式。

---

① Zelizer V. A.,“Beyond the Polemics on the Market: Establishing a Theoretical and Empirical Agenda,” *Sociological Forum*, Kluwer Academic Publishers, 1988, pp. 614 - 634.

六 认知嵌入：民营企业绿色发展的价值导向

“认知在社会学文献中以两种截然不同的意义出现，第一种是广义的，即认知是指心理活动的全部范围。在此意义上，文化的认知方面并没有脱离，而是包含了它的情感（或表达）和价值方面。例如，价值观、态度和规范被认为是认知元素。第二种认知是狭义的，因为情感和价值方面与狭义的认知是分开的。”[①] 相比于制度与文化对民营企业绿色经济行为的宏观嵌入作用，认知嵌入属于微观层面，是民营企业在生产经营过程中逐渐形成的结构化的、相对一致的群体心理对其绿色发展行为的影响。尤其是绿色认知的嵌入，如群体对于经济发展与环境保护间关系的看法、履行绿色责任的体验以及对环保压力的感知等。这些绿色认知有助于在思维层面上为民营企业绿色发展提供价值导向，使其从只重视经济效益转变为同时重视经济、环境和社会效益，追求和实现企业社会价值的最大化。

首先，企业家环保精神对民营企业绿色发展决策发挥了关键性的作用，直接决定了民营企业发展战略的绿色走向。企业家环保精神是基于企业家的过往经验、对时局的判断、文化水平等因素而逐渐形成的。已有不少研究表明，管理者的环境意识与企业环境行为呈显著正相关的关系。[②③] 民营企业的战略决策依赖于企业家的主观认知，因而民营企业绿色发展的决策最初往往会受到企业家环保精神的影响。S 公司的创始人在创业之初，对行业环保趋势发展就产生了清晰的认知，他注意

---

① Dequech D. , “Cognitive and Cultural Embeddedness: Combining Institutional Economics and Economic Sociology,” *Journal of Economic Issues*, Vol. 37, No. 2, 2003, pp. 461 – 470.

② Wang F. , Cheng Z. and Keung C. , et al. , “Impact of Manager Characteristics on Corporate Environmental Behavior at Heavy-polluting Firms in Shaanxi, China,” *Journal of Cleaner Production*, Vol. 108, 2015, pp. 707 – 715.

③ 参见谢雄标、孙理军、吴越等《网络关系、管理者认知与企业环境技术创新行为——基于资源型企业的实证分析》,《科技管理研究》2019 年第 23 期。

到当时大多数企业缺乏精细化工应有的绿色发展与技术创新意识，由此也导致了国内的涂料行业呈现低端化、同质化的发展形态。此外，当时涂料行业普遍存在“双标”现象，使得国内消费者往往难以买到健康环保的涂料产品。为此，S公司的创始人出于自身的“环保良心”，在确定企业发展定位时，就将绿色、健康、环保理念与企业发展战略结合起来。正是绿色发展战略的正确性、可持续性，使S公司取得了经济效益和环境效益的“双赢”。

其次，在企业家环保精神的影响下，以绿色文化与关系互动为中介，能够有效提高员工的环境意识，并逐渐形成稳定的绿色群体认知，而群体认知可以对绿色行为的实施发挥重要且持续的嵌入性作用。“许多心理过程的结构化规律都是通过文化习得和共享的，它们不仅是人类思维固有局限性的结果，也是社会相互作用的结果。”[①] S公司正是通过企业绿色文化嵌入管理的方式，加强了与员工之间的关系互动，从而潜移默化地提高了员工的环保意识。例如，S公司通过举办养生、健康、企业标准知识、有害物质控制等培训，提升了员工在生产过程和日常生活中的健康环保意识；从办公用电、办公纸张、办公物料等细节上对员工行为进行监督，提升员工环保意识、帮助员工养成节能减排的习惯；设立绿色创新激励机制，为产出绿色创新成果的员工颁发奖励，培养员工在工作中的绿色环保思维；等等。

绿色群体认知的形成，能够对民营企业绿色发展发挥两大方面正功能：一方面是激发企业绿色创新行为的发生，从而实现绿色产品的生产与再生产，提高民营企业的经济效益；另一方面是通过企业绿色责任的形式，不断“反哺”生态环境，提高民营企业的环境效益与社会效益。

---

① Dequech D., “Cognitive and Cultural Embeddedness: Combining Institutional Economics and Economic Sociology,” *Journal of Economic Issues*, Vol. 37, No. 2, 2003, pp. 461 – 470.

七　结论与讨论：民营企业绿色发展的实现路径

近年来中国环境问题虽有明显改善，但环境治理和环境保护依然任重而道远。如何平衡社会经济发展与环境保护之间的关系，不仅是国家层面需要解决的重大课题，也是民营企业可持续发展面临的重要问题。“虚联系”嵌入性分析框架，为民营企业绿色发展环境行为的生成机理提供了一个独特的分析和阐释视角，同时也为民营企业实施绿色发展的具体实践提供了一条可供选择的经验路径。

从“虚联系”嵌入性分析框架来看，民营企业绿色环境行为和绿色发展实践动力的生成是制度、文化与认知三重因素共同嵌入的结果。制度和文化的有效嵌入，从宏观层面为民营企业绿色发展提供了生存保障和认同动力，认知的有效嵌入则从微观层面为民营企业绿色发展提供了价值导向，这三重嵌入最终形成一股“合力”，共同推动了民营企业绿色发展目标的实现（见图1）。

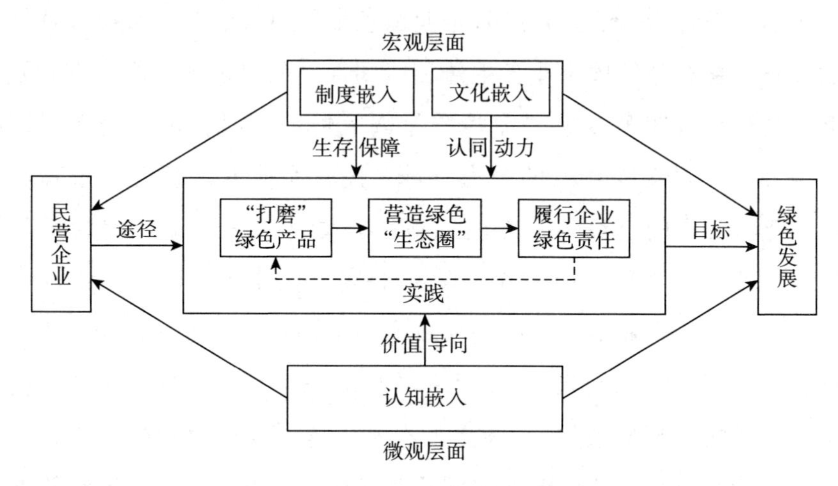

图1　民营企业绿色发展的实现路径

说明：该研究框架借鉴了帕森斯社会行动的概念框架（“手段－目的”框架）。

在“虚联系”嵌入性分析框架下，民营企业并非“社会化不足或过度社会化”的行动者（以原子化的行动者身份执行行动和决策[①]），而是有限理性的“经济人”，其绿色发展实践所依托的绿色环境行为嵌入由制度、文化、认知等结构性力量所构成的社会环境中，加之民营企业的决策管理与民营企业家环保精神有着独特而密切的关系，因而也在一定程度上加大了这种嵌入的可能性。换言之，民营企业通过外部环境规制与企业自主约束的动能转换、独特绿色文化的创建和企业家环保精神的引领等一系列手段，使制度、文化与认知等结构性力量得以有效嵌入，并为民营企业的绿色发展提供了生存保障、认同动力与价值导向。而制度、文化与认知等多重要素的嵌入，从宏观和微观层面各自发挥作用并形成一股“合力”，助推民营企业走上绿色和可持续发展之路。随着绿色发展实践的往复和深入，制度、文化与认知的嵌入会形成一种良性的“路径依赖”，使得民营企业在实现经济效益、环境效益和社会效益“共赢”的同时，也在推动所在地区乃至国家的绿色经济发展与生态文明建设中发挥了不可或缺的作用。

诚然，需要指出的是，民营企业绿色发展决策的制定和绿色环境行为的实施，在充分发挥企业自主性和能动性，采取多种手段促进和强化制度、文化与认知等多重“虚联系”嵌入性的同时，仍然离不开政府和社会公众等“实联系”的合力推动。民营企业的绿色发展过程就如同一个化学反应的过程，一方面，制度、文化和认知等“虚联系”因素作为“反应条件”发挥着至关重要的嵌入性作用，但这些条件也并非独立地存在于企业本身，而是与政府、市场和社会等利益相关主体之间具有千丝万缕的“实联系”。只有“虚联系”“实联系”相结合构成的更加完备的“反应条件”，才更加有利于这一反应过程的发生。另一方面，民营企业家的环保精神如同化学反应的“催化剂”，虽然能够加

---

① DiMaggio P. J. and Powell W., “The Iron Cage Revisited: Institutional Isomorphism and Collective Rationality in Organizational Fields,” *American Sociological Review*, Vol. 48, No. 2, 1983, pp. 147 - 160.

速反应的进行，但往往也需要诸如政府的政策引导、制度创新的赋能、社会的参与和监督等一定的“压力”和“温度”等作为反应过程的“附加条件”，以便能够更好地保持“催化剂”性质的稳定性。总之，只有在各种条件都具备的情况下，民营企业绿色发展的过程才能得以持续发生，并不断取得预期的绿色经济发展成果。

云南西畴基层生态民主治理模式初探*

周　琼**

摘　要：生态文明建设的模式，影响并决定着生态文明建设的结果。对典型案例的探讨，有益于对生态文明建设进程的理性思考。云南省西畴县在石漠化治理中，探索出了著名的生态文明建设的“西畴模式”，通过村寨实践并争取政府支持，由各乡村民自发采用凿石为田、移山修路的基层石漠化治理方式，引起关注并得到支持，发展成民众行动、官方扶持的官民合建的区域生态治理新模式，走出了一条“自下而上”的民众参与并推进生态治理进程的生态文明建设新路径，产生了较好的生态及社会效果。硗确的石漠区变成了树木苍翠、庄稼丰收的脱贫区，成为中国生态文明建设模式的区域实践范例。

关键词：“西畴模式”　生态文明　石漠化治理

云南省西畴县闻名遐迩、备受瞩目的石漠化治理实践，是自下而上

* 基金项目：2020 年马克思主义理论研究和建设工程重大项目“习近平生态文明思想的理论体系研究”（2020MZD020）子项目“习近平生态文明思想的制度依托与效能转化”、云南省哲学社会科学研究基地项目“云南少数民族本土生态智慧研究”（JD2019YB04）的阶段性成果。

** 周琼，中央民族大学历史文化学院教授，博士生导师，研究方向为生态文明、环境史、灾荒史、少数民族灾害文化。

的生态文明民主治理模式的典型代表。这种由地方民众先行动，基层干部支持、参与，最后得到政府扶持的改善生态及生存环境的石漠化治理模式，凸显了中国环境治理及基层生态文明建设的具体场域，是一场全民主动参与、民众自发行动并推动政府支持的生态民主制实践，反映了中国生态文明民主治理的初期形态。学界及新闻媒体对西畴石漠化产生原因、治理技术及西畴精神与西畴模式的内容、特点等进行了诸多探讨和研究，但尚无从制度层面进行思考及研究的成果。本文在已有宣传报道资料、研究成果及实地调研的基础上，对云南多民族聚居的西畴县石漠化民主治理路径形成的原因、过程及成效等，进行系统梳理及研究，欲通过以小见大的视角，探索云南生态文明区域建设的具体实践，再现中国基层生态民主治理模式的场域及经验，以期助益中国当代生态文明制度建设及理论探讨的进程。

一 西畴生态民主治理模式的内涵

生态民主，不是生态与民主的简单结合。因视角及立场不同，其内涵、形式多种多样，国内外学者对此多有探讨。

（一）生态民主的内涵

国外的“生态民主”包括两个层面的内涵。其一，现代政治民主的生态化或“绿化”，是全新的生态主义民主。其二，美国学者罗伊·莫里森（Roy Morrison）于1995年出版的《生态民主》一书认为生态民主是古老的民主理念和历史短暂的生态学思想的时代融合。[①] 他关于民主是人民当家做主并使公民社会成为具有创造性的变革场所的理论观点，得到了许多学者的赞同。尤其是他提出的通过创造性和建设性地包

---

① 罗伊·莫里森：《生态民主》，刘思华编，刘仁胜、张甲秀等译，北京：中国环境出版社，2016年。

容共同体所有声音的诸多方式，促进并鼓励大家做出这些选择的观点，[①] 使生态民主的内涵及价值为公众所熟知。

国内学界对国外生态民主的思想、理念进行了介绍及探讨，从理念深化到机制完善再到道路选择，成果比较多。许多学者也对中国实施的生态民主做了较多研究，既有对生态民主的科学内涵及社会实践的初步讨论，也有对生态文明道路选择的必要性、制度性建设等问题的探索。很多研究既完成了对生态民主科学内涵及社会实践的讨论，也对中国从工业文明走向生态文明道路进行了思考及探讨，[②] 但尚无对中国生态民主制的内涵、定义、实践路径及建设模式等问题进行宏观、理论探讨的成果。

从制度及路径的层面来看，“生态民主”是一个与政府主导或推行的生态威权或生态专制相对而言的概念。生态民主是民众（公众）通过对话、讨论、审议、协商或采取实际的环境保护、环境治理及生态修复行动，直接或间接地参与生态环境问题的调查、宣传并提出建议，推动、促进政府在生态治理领域的制度、政策的制定及实施，达到保护环境、修复生态的目标，实现人与环境和谐共生、永续发展。换言之，生态民主即公众通过“自下而上”的途径来解决生态治理、环境保护中存在的问题。

本文所言的生态民主，是指由公众发起，通过基层的环境治理实践及生态修复模式，缓解区域生态危机，达到民众与政府间的平等对话及尊重包容，共同采取环保行动，建设生态家园，达到人与自然和谐共生的目的。这既是中国生态文明建设进程中的新理念、新视域，也是生态文明建设的新方向，与《中共中央　国务院关于加快推进生态文明建设的意见》确定的汲取人民群众的智慧和力量、发动群众积极参与并发挥其主体作用等主旨相吻合，体现了中国生态民主及法治建设的目标。

---

① 郇庆治：《生态民主》，《绿色中国》2019年第13期。

② 王婷鹤：《生态民主：科学内涵、时代价值与实践选择》，《求实》2014年第10期。

（二）西畴县生态民主治理模式的内涵

西畴县的生态民主治理模式，是西畴石漠化地区的村民通过自我行动进行生态治理的基层模式，具有极高的基层群众利益趋同度。

当代中国推行的环境保护一直被认为是官方制定政策、基层及民间推行、实施的模式，“自上而下”几乎成为中国环保模式的标签及代名词。故部分学者认为，中国目前进行的生态文明建设，也是自上而下的政府主导模式——党中央及国务院颁布生态文明建设的政策、制度、措施及规划，各省区市地州县按中央部署及政策，有计划、有针对性地开展环境治理、采取恢复及保护措施，短期内往往就能见到成效。政府主导下的生态建设措施及治理工程推进顺利，各地生态文明建设成效明显。如各地的退耕还林、植树造林政策推行后，森林覆盖率显著提高。[①] 退耕还林、还湖、还草等生态修复工程及水、气、土等的污染防治成效突出，“绿水青山就是金山银山”的理念迅速得到认可，这更强化了人们对中国环境保护及生态文明建设是政府主导的认知。这显然是对中国环境保护及生态文明建设路径的误解，是对中国生态文明建设尤其是基层生态治理状况了解不够的结果。

事实上，生态民主治理模式在中国从未缺席。在基层的生态治理及环境保护行动中，民主治理的实践模式存在已久。西畴县长期坚持石漠化生态治理的观念及基层民众自发治理的行动，得到了地方政府的认同与支持。地方政府对此制定的因地制宜的政策及顶层设计的理念及方向，与基层民众的民主协商行动相结合，有效整合了基层社会中的多元主体力量，支持群众移石造田铺路的行为及政策，成为西畴石漠化地区地方政府维护基层社会的共同利益、认同基层民众表达和实现自身

---

① “全国森林面积达 31.2 亿亩，森林覆盖率达 21.66%，森林蓄积量达 151.37 亿米^3。”参见中新《数说中国林业：森林覆盖率达 21.66%　今年拟超 1 亿亩》，《中国林业产业》2018 年第 3 期，第 20 页。国务院 2017 年《政府工作报告》指出，中国 2017 年完成退耕还林还草 1230 万亩。

利益的有效手段，双方具有共同的目标，基层民众的行动与地方政府政策吻合。

因此，西畴县经过村民、村寨筹资出力，亲自参与地方生态修复、环境改造的具体实践，产生成效后引起政府重视并制定政策支持村民的行动，最终形成了民众与政府合作共建的生态民主治理模式，生态与经济效益显著，成为中国生态文明制度建设及区域实践的典型案例，具有极大的示范性价值，在中国生态文明制度建设及区域实践中，展现了生态民主治理特色。

这种带有基层民主协商特点的生态治理模式及经验，并非一开始就旗帜鲜明地表现为生态民主治理模式，而是地方各主体经过多年实践，在没有其他更好治理路径的情况下，采用当地生产技术（尽管会被认为是原始和落后的），以基层民众能够接受和做到的方式，即用生产工具、人力畜力等，以长期坚守的行动逐步摸索、积累下来的经验，初见效果后得到政府及民间的广泛支持、宣传及推广，并将实践经验上升到政策的高度，最终才被定名为“西畴模式”。

（三）西畴生态民主治理模式的制度价值

西畴县的生态民主治理实践，完成了从基层实践到理论总结的过程，成为基层生态民主治理模式的典型代表，丰富了中国生态文明制度建设的实践内涵。这是由一个个典型人物率领村寨里渴望脱贫致富的乡亲们不惧酷暑严寒，在石山峭壁悬岭上凿山撬石，以人背肩扛、牛驮马拉等方式，搬石造田、铺路种树等行动书写的模式，充分证明了中国环境保护及生态文明制度建设中，存在着被大多数人忽视了的民主制因素及内涵。因此，在中国生态文明建设中，西畴模式真正实践了基层参与的机制，更好地发挥了民众在生态文明建设中的主导作用，体现了基层民众的主体地位。

当然，西畴县的生态民主治理实践及经验，绝不是唯一可行的路径。中国幅员辽阔，地理地貌结构、气候类型复杂多样，多种生态系统、多类生态功能兼具，生态民主治理模式需要多种路径，即中国生态民主治理模式应该根据各生态区域的不同情况，因地制宜，采取不同的措施及实践路径，推行与生物多样性及生态系统稳定性相吻合的生态治理模式，不断拓展生态民主的视域，丰富、完善生态民主的思想，提高理论水平，以更好地适应各地生态民主意识不断增强的需要，创造各具特色的实践模式。只有这样，生态民主治理模式的内涵才能更富有生命力和活力，其影响才能更广、更深。

要实现生态民主，政府的制度及政策是基础。中国历史悠久，传统文化内容丰富，良好的制度是各类措施实行、社会有序发展的必要保障。在中国生态文明制度建设中，生态民主制已经在不同区域、不同层面的实践中展现出来，虽然实现的路径及技术手段因区域及经济发展水平有所差异，但其内涵及实质，已经具有了中国生态文明制度建设早期的民主治理特点。因此，人们熟悉的那些表象的特点及标准，绝不是生态民主唯一的特点及标准。

因此，在生态文明制度建设的顶层设计中，继续增加其科学性、普遍性及宏观性的内涵，就成为必须要考虑的目标。而中国生态民主治理的具体细节及内涵，必然更具有科学性、时代性特点。生态文明时代所具有的立体性、多维性特点及内涵呼之欲出。如此，人人都会将生态文明和环境保护意识贯穿到具体的生产及生活中，用生态文明和环境保护意识去思考及解决问题。一切从生态及环境保护的角度出发。在这一过程中，生态及环境保护的诉求也会成为中国文化及其他制度建设必不可少的组成部分。

二　西畴生态民主治理模式产生的环境与社会基础

生态文明民主治理模式之所以在云南省西畴县取得成功，是自然与人为原因交互作用的结果。很多原因在中国其他地区也不同程度地存在，但各地因为生态环境及人文因素的差异，形成了不同的发展路径。

（一）自然及人为原因引发的环境退化

石漠化是指一个地区的生态环境逐渐变为石质荒漠的过程。一般说来，热带、亚热带地区的喀斯特地貌在发育过程中，自然环境受到人为活动的持续干扰，森林被破坏，土壤被侵蚀，降雨集中时水土大面积流失，基岩裸露，土地退化，地表成为荒漠。当岩石裸露面积达到70%以上时，地表原生植被消失，生物存量极少，只在洼地土壤里间或有独树、灌木、草丛，就成为完全石漠化区；当岩石裸露面积在30%～70%时，土层浅薄，有部分生物生存，台地及缓坡带有部分疏林、灌木、草丛，成为半石漠化区，是生态治理的重点区域；当岩石裸露面积在30%以下时，植被覆盖率较高，为潜在石漠化区，① 是环境保护的重点区域。

石漠化对地表环境及生物生存造成了极大威胁，水土流失加剧、植被覆盖率降低，林地丧失、农田毁坏，生境恶化，水旱等气候灾害，泥石流、滑坡等地质灾害频发，严重威胁经济的发展。西畴县隶属文山壮族苗族自治州，位于云南省东南部，文山州中部偏南，地势北－中部高，东南－西南部低，② 处于云南高原向低山丘陵的过渡带上，地质结构及地貌类型特殊，山多田少，属于典型的喀斯特地貌区，是完全石漠化、半石漠化、潜在石漠化并存的地区。全县总面积1506km²，其中岩溶裸露、半裸露面积达1135km²（占75.4%），是我国西南地区石漠化最严重的地区之一，易发山洪、滑坡、泥石流等地质灾害及干旱等气候灾害。

西畴县冬春季土层干燥，夏秋季降雨集中，具备石漠化产生的潜在自然条件。西畴县年平均降雨量1294mm（部分地区可达1615mm），5～10月降雨量占全年的80%。因此，短期内就可能形成较强的地表径

① 黄荣媚、陈文怡：《浅谈岩溶森林保护和石漠化治理对策：以西畴县为例》，《林业建设》2008年第5期。

② 西畴县东西长63.6km，南北宽59km，因县境分西洒、畴阳两区，故取各区之首字而得名。

流，对地表土壤造成极强的冲刷，迅速带走松散土壤或渗至地下，形成溶蚀现象。持续的溶蚀使岩溶的孔隙、裂隙迅速扩大，加快了土壤流失的速度，基岩很快就会裸露出来。

西畴地形起伏较大，很多乡镇的土地坡度大于30度，水力的冲蚀易形成沟蚀、河流侧蚀、滑坡、土溜等。喀斯特石灰岩地区土壤成壤率极低、成壤速度慢，地表土层较薄，极易溶蚀，即便其他母岩成壤正常，也会形成严重的水土流失。石山裸露，只在峰丛低洼地保留着浅薄的风化残积或外来堆积土壤，群山起伏间乱石林立，生态环境脆弱，耕地缺水少土，粮食产量较低。森林生态一旦被破坏就很难恢复，植被砍伐区迅速成为半石漠化、完全石漠化区。

自然与人为是石漠化形成的诱因。特殊的地质结构、地形地貌、气候条件，孕育了特殊而脆弱的自然生态环境。明清以来的农业、矿业开发加速了石漠化的进程。森林被砍伐，树木成为燃料和建筑材料，移民的增加以及农垦向半山区的推进，使得植被破坏情况日益严重。20世纪六七十年代，由于大炼钢铁，毁林开荒，植被覆盖率急剧降低，水土严重流失，山地生态迅速退化，石漠化从零星区域扩大到村、乡，由点到面逐渐扩展开来。20世纪中期，西畴石漠化问题被发现时，就已出现无法遏制的趋势。20世纪七八十年代后，工农业发展进入新阶段，山地被大面积开垦，大量原生植被被砍伐，明清时期草木丛生的生态环境遭到破坏，[①] 石漠化面积不断扩大，生态危机逐渐加重。

西畴石漠化区生态退化的后果日积月累，形成恶性循环且难以逆转，秃岭石田随处可见，石漠化范围日渐扩大，程度日渐加深，地质及气象灾害发生频次呈现增多趋势，春旱冬旱几乎年年都有，秋旱集中于全县75.4%的石山地区，作物受灾严重，如2009年干旱导致的农作物受灾面积达95.07hm^2，产量损失达3470t，造成经济损失626万元。人为干扰常常促使潜在石漠化区迅速发展成石漠化区。21世纪以来，高

① 详见周琼《清代云南瘴气与生态变迁研究》，北京：中国社会科学出版社，2007年。

速公路、县乡公路的修建速度加快，交通线附近植被损毁，加剧了水土流失，完全石漠化、半石漠化区明显扩大。[①] 山穷、水枯、林衰、土瘦的石漠化景观，是区域贫困及生态恶化的动因。2000 年，西畴县人均耕地面积仅 0.112hm^2，耕地总量平均每年减少 0.11km^2，[②] 生存资源枯竭，石漠化日益严重，社会经济长期处于贫困状态，是滇桂黔石漠化集中连片特困区的典型。

当地人在“石旮旯里刨饭吃”，但越刨水土流失就越严重，生态恶化速度也越快，联合国教科文组织的岩溶地质专家断言，这是人类基本丧失生存条件的地方。西畴成为西南地区生态-贫困交互影响的典型区域，“靠天吃饭、广种薄收”“山大石头多，出门就爬坡；春种一大片，秋收一小箩”“只见石头不见土，玉米长在石窝窝，春种一坵，秋收一抔”等民谚是低产低效能的传统农业生产方式及经济发展困境的真实写照。

（二）独特的生存传统形成的社会基础

在喀斯特地貌连片区进行石漠化的治理及生态改造与修复，不是一件容易的事情。不仅技术、经费缺乏，而且受限于地理、地质、气候等固有的自然条件，尤其是生态退化状态下半石漠化地区迅速退化成完全石漠化地区，或潜在石漠化地区转变为半石漠化地区的自然演进趋势，使石漠化治理的进展及效果大打折扣。

西畴的各族群众长期在恶劣的自然环境中求生存，养成了顺应自然、尊重自然规律的传统习俗，与自然环境共生共存，依靠自己的努力，团结互助，用勤劳的双手及坚持不懈的劳动，逐步改变生存及发展环境、获取生存资源。

---

① 周玉俊、夏天才等：《西畴县石漠化现状、形成原因及治理对策》，《环境科学导刊》2013年S1期。

② 王菀婷、邓毅书：《构树种植加工产业对石漠化治理的综合效益浅析——以西畴县土地石漠化现状为例》，《云南科技管理》2017年第6期。

由于崎岖坎坷的山石地貌，西畴的交通条件极为落后，9个乡镇与外界相通的都是盘旋在悬崖峭壁上的山路，很多村寨信息闭塞，几乎与外界隔绝。穷则思变，谋生无门的民众只能面对石漠化的实地情况，自发行动，依靠自己的双手，在山大石头多的家乡谋求生存之路。

因此，面对石漠化治理困境，西畴各族群众面对现实，发扬吃苦耐劳、自力更生的精神，依靠自己的双手，改变山乡面貌、扭转石漠化地区发展命运的治理行动由此诞生。

三　西畴生态民主治理模式的实践与机制建设

中国西南地区石漠化的治理及其生态修复，成为地方脱贫及政府扶贫的主要目标，也是地方经济可持续发展的重要任务。自20世纪80年代以来，西畴县开始了艰难的石漠化治理历程。当地民众在生存及可持续发展的目标面前，坚持不懈，不断探索根治石漠化的方法，地方政府提出了“30年绿化西畴大地”的目标。此后，石漠化治理及生态恢复就成为西畴县乃至云南省最为重大的脱贫攻坚目标之一，最终走出了一条生态民主治理的新路径。这是基层群众克服困难，自发主动地发扬愚公移山的精神改造石漠化的成功实践，取得了较好成效，引起了社会的广泛关注，得到了政府在资金、政策上的扶持，最终取得了巨大成功，在客观上完成了中国生态文明建设中民主制模式的书写。

（一）石漠化基层治理的实践模式

西畴作为国家级贫困县，地方经济及社会发展长期处于滞后状态。面对山大石头多的石漠化现状，西畴民众开始了自发治理石漠化的历程。

一是基层社区干部组织动员，创造了“炸石填土”“搬石造田”的治理模式。当基层社区干部与民众自己行动，向石山要田要粮，采用最低效但最见效的方法——把自家田地里的石头炸碎，用锄头挖、扁担挑、竹筐背的办法，搬走石头，运来土壤填进田里，造出了可耕田地。

1990年12月3日，西畴县蚌谷乡木者村最早使用了这种方法。木者村是个“藏在山窝里、贴在石壁上”的村庄，石漠化极为严重，全村几乎找不到一块大于1亩的平坦耕地。村民长期“从石头缝里要耕地、要粮食”，在石缝中的小块土壤上种出的庄稼稀稀疏疏，产量极低，缺粮等补（救）助成为常态。王廷位、刘登荣等几位村委会党员干部自发到家里、田间地头动员乡亲们搬走石头、运来土壤造田地，带领300多名群众在乱石丛生的摸石谷炸石造地。他们先用炸药炸碎大石，再用錾子、铁锤、铁钎、锄头等工具刨开石头，用肩挑背扛或马驮牛拉等方式搬走碎石，运来土壤铺在地里。终于在石旮旯里开出600多亩田地，种上杂交玉米，获得大丰收，产量提高了4倍，拎着口袋借粮的“口袋村”变成了卖粮村。

这种治理石漠化的土办法、笨办法极具地方特色，效率虽然低，却是每个缺乏经费的村民都能做到的，适合在当地山石丛生、交通不便的地区进行小范围操作。这类小范围的生态修复及地方经济发展模式，效果良好，适合联产承包责任制下单户农民自力更生、发家致富的需求，当然也适合地方社会经济的发展需要。此模式被其他村寨效仿后，也取得了较好的经济及生态效应，引起了地方政府的关注和重视，开始给予政策及经费支持。

这种“炸石造地”的石漠化治理措施，是基层民众为了生存及发展而采取传统动员的方式，自发行动后引起地方政府重视并参与的自下而上的生态治理及修复模式，是具有中国特色的、含有生态民主制特色的治理模式。

二是民间传统动员的模式，即村民自发移石开路，修建基本交通路线。“想要富，先修路”是西畴石漠化地区基层社区干部及民众普遍认同的理念，通路通电储水是山村百姓的夙愿。当地民众采用传统动员、自发行动的方式，用最朴素、耗资最少的方法，以“打开山路、走出大山”为目标创造出的“凿山移石修路”的模式，再现了当代愚公移山的鲜活样本，成为西畴石漠化治理模式中的经典路径。

当地仅有的盘山路是人力、畜力长年累月在山石间劳作形成的。鸡街乡中寨村委会肖家塘村是个“通信基本靠吼、交通基本靠走”的贫困村，日益严重的石漠化让贫穷的村民纷纷举家迁走。2006 年 7 月，剩下的 4 户村民商议后决意用自己的双手修通公路，“肖家塘四愚公”坚持 6 年，贷款借债，翻悬崖越峭壁，在大山深处凿出了一条 5km 长的进村公路。

此后，很多村子纷纷效仿，越来越多的家庭、个人不畏艰辛，相继搬石开路。生态民主制的创建过程，在缺乏技术、资金支持的基层，不仅充满了艰辛，也充满了基层民众开创新生活、修复新生态的生机和活力。“地无三尺平，滴水三分银”的西洒镇岩头村仅有一条出村下山的羊肠小道。村小组长李华明为筹集资金挨户动员，带领 14 名村民在悬崖峭壁上开山凿路，经历了常人难以想象的艰辛，历经 12 年终于用铁锤、铁锹打通了简易路，并争取了县财政的补助。村民接力修筑，终于修通了 2.4km 长的水泥公路。蚌谷乡海子坝村的共产党员、村民小组长谢成芬带病带领村民移山修路，铺路车在前面铺水泥，村里的老人拄着拐杖跟着这条可以让全村人通往外面世界的公路一寸寸往前推进。2010 年 7 月，全长 8.8km 的水泥路终于建成。

类似的以村、户为单位，自力更生造田修路的故事还有很多，如董马乡张家老林村张行武家、法斗乡羊赶马村伍光发家分别开挖了 2.2km、1.2km 长的进村道路，刘家塘村群众打通了村民出入村庄的隧道……截至 2018 年，各乡镇共挖通 3000km 路面硬化的村道，是全省平均公路密度的 3 倍，村委会通公路率达 100%，自然村通公路率达 99.3%。[①] 当地民众自己出工出力并陆续得到政府的政策及资金支持的方式，丰富了西畴石漠化治理模式的内涵——自下而上的生态治理及环境改善路

① 孙健：《西畴：在石漠地里开出幸福之花》，国家林业和草原局、国家公园管理局网站，2019 年 7 月 11 日，http://www.forestry.gov.cn/main/138/20190711/100534302136909.html；徐体义、张登海等：《西畴精神：写在石漠上的壮美史诗》，《时代风采》2018 年第 10 期。

径，最终改变了西畴石漠化村寨的生存和可持续发展环境。

三是民间传统生态意识及生存习惯，促使村民修建积水储水的小水利工程，进行植树造林、退耕还林。文山苗族、瑶族、壮族等各民族对山水林田草有传统的共生意识，对村寨赖以为生的树、水等自然环境要素有特殊的理解，认为有水有树才能聚气集福，吃穿不愁。20世纪50年代以后，各民族对石漠化地区水土流失、童山濯濯等缺水少树状况的后果深有体会，于是靠自己集资及政府补贴，采取了修水窖、植树造林等改造生存环境的行动。

各家各户都在田间地头或房前屋后修建大小不等的水窖，在坡地的中上部修建引水渠道。因此每年5~10月雨季的地面径流就能顺渠进入池（窖）中，旱季可供取水浇灌农作物，有效改善了农业生产和生活条件。

植树造林、退耕还林是官方倡导的生态治理措施，各族群众积极响应。2002年，滇东南喀斯特地区启动国家退耕还林工程，在公有及私有地上种植经济林，如特色果树等，极大地改变了植被景观，提高了森林覆盖率。

总之，从木者村基层群众率先自发治理石漠化开始，西畴民众通过自力更生的方式闯出了一条石漠化治理之路，彰显了基层民众自发、主动的生态文明建设特点。“不等不靠不懈怠，苦干实干加油干”的口号及行动，使石漠化地区发生了巨变，曾经山石密布的山坡被苍翠欲滴的树木、丰收在望的庄稼、硕果满枝的果林取代，昔日贫困封闭的山寨被美丽宜居的绿色生态乡村替代。在石漠化综合治理中，西畴人成功开创了生态修复的新路径，书写了生态文明建设自下而上的民主治理模式的最佳案例。

（二）石漠化基层治理机制的形成——地方政府支持民众共治石漠化

西畴民众自发治理石漠化的行动，引起了地方政府的关注。政府部门开始以政策及资金支持等方式参与到民众的行动中，积极推进石漠化改造进程。地方政府发动基层社区干部，调动村寨党员发挥引导带动作用，形成了村民与政府共同治理石漠化的基层生态民主治理机制。主要有三方面内涵。

一是地方政府给予政策支持。县、乡政府肯定了村民自己动手治理石漠化路径的正确性、可行性，并逐步理清治理的思路，从更高层面确定战略目标，制定具体政策引导民众。

1985 年，西畴县提出了“30 年绿化西畴大地”的目标。2000 年后，政府环保部门多次制定政策，提出在石漠化生态修复及地方经济发展中探索独特的治理之路。2006 年，结合国家生态治理及环境保护的目标，西畴县提出了“生态立县”的战略目标。“十二五”期间围绕“山、水、林、田、路、村、产业、扶贫、机制”等核心要点，提出了石漠化综合治理的指导思想、原则和目标，明确了抓好增加植被、建设基本口粮田、发展草地畜牧业、农村能源建设、易地扶贫搬迁、发展后续产业等六大任务，确立了石漠化重灾区产业扶贫的新路径。

2013 年后，州、县政府把石漠化治理与国家生态文明建设规划相结合，把石漠化改造与经济社会发展、生态环境保护相结合，以岩溶地区水资源开发及利用、土地整治及水土保持工程为基础，以封山育林、植树造林及发展农副名特产业为途径，以交通、中小水电等基础设施建设为辅助，将石漠化治理与生态恢复、基础设施建设、农村能源建设、产业发展、人口转移等目标相结合，探索出了“六子登科”的治理模式，把乱石裸露的山村变成了具有可持续发展能力的绿色家园。

二是地方政府发动基层党员、村干部参与到村民的石漠化改造工程中，发挥引领、带头作用，成为石漠化治理的中坚力量。

基层党员干部的参与是村民坚持改造石漠化山地的主要原因之一。县、乡政府的工作人员大多是本地人，对家乡社会经济发展状况比较了解，对石漠化生态治理怀有极高的热忱，对村民的自发行动怀有深切的理解、同情，能够从思想到行动层面对村民的治理行动给予支持和引导，出面动员、发动村干部及村民党员积极参与治理行动。村寨里的党员和干部因此有了行动的底气，基层群众意识到自己是有“公家”支持的。如在蚌谷乡木者村群众的石漠化治理中，参与并带头实践的是村干部、党员，他们按政府提出的建造台地的规划和要求，把漫山遍野的石头一片片炸掉，用炸碎的石块垒地埂，再往地里填土。基层党员干部的支持及参与，获得了民众的认可，对提高县、乡镇政府的公信力，吸引更多民众加入石漠化改造发挥了积极作用，增强了地方农业可持续发展的能力。

三是地方政府对石漠化治理乡村给予资金、技术扶持，提高了石漠化改造工程的质量。县级地方财政困难，给予的直接支持资金不多。地方政府制定多元化筹集资金的措施，拓宽筹集资金渠道，在争取国家项目支持的同时，培育特色产业，扶持龙头企业，发挥企业的骨干带动作用，[①] 极大地鼓舞了民众进行石漠化治理的热情，对不同村寨造田修路工程的顺利完工，发挥了积极的作用。

政府通过对石漠化改造项目的管理，将石漠化治理工作纳入各级政府的管理体系中，并充实石漠化治理机构及岗位，引导民众做好项目前期准备工作，坚定了基层民众治理石漠化的决心。2011年，国家发改委将西畴县确立为石漠化治理试点县，组织动员全社会力量，加大投入及扶持力度，推动西畴县的石漠化治理进程。

地方政府还积极引进石漠化改造技术，给村民提供技术支持。如引进水资源开发利用项目，有针对性地推进集雨工程、泉点引水及地下暗河开发等水利配套技术的应用；推进农村新能源工程的建设，推广替代能源，如沼气建造技术的利用；与文山州政府以“搬家、种树、办教育”为核心的“山瑶”扶持发展项目相结合，开展建房、建学校、种粮、种烟辣、养猪羊等扶持措施，使石漠化地区旧貌换新颜。

岩溶山地的自然恢复过程漫长。灌木和乔木群落的恢复能力极低，

---

① 周玉俊、夏天才等：《西畴县石漠化现状、形成原因及治理对策》，《环境科学导刊》2013年S1期。

一旦被破坏就极易消失。考虑到群落退化将会加速石漠化进程的特点，地方政府扶持石漠化治理的另一项技术措施，就是引进推广生态经济林营建技术、林草植被恢复技术，以恢复石漠化地区群落生态。如根据滇东南气候特点，选择适合当地生态经济林建设的树种和造林时间（6～7 月雨水浸透土壤后定植），按带状混交的方式营建混交林，树种使用塑料袋容器苗，移栽前喷施植物生长调节剂，植苗时撕去塑料袋，施入底肥后回土，植被容易成活。随着石漠化地区植被的恢复，生物多样性也开始恢复，试验地块植物种类达到 23 种，说明造林额度及树种配置合理，各类林木呈现较好的共生性，乔、灌、藤间充分利用水、热、光照等自然资源，相互补充。[①]

四　西畴生态民主治理模式的成效及反思

西畴县石漠化治理的具体实践及路径，在中国生态文明制度建设的区域实践中开创了新路径，既具有普遍的价值及内涵，也具有中国制度特色的高度及意义，其取得的环境及经济成效，成为区域生态治理及修复的典型案例。这种由群众主动、精神鼓动、干部带动、党政推动的“四轮驱动”模式，使石漠化村庄从开始治理时的贫困村、温饱村，转变为宜居的最美乡村，村寨里推行的宜居、宜游、宜业的“三宜”新村建设，成为西畴县石漠化治理模式的重要经验。

西畴县自下而上的石漠化治理及生态修复模式，体现了中国基层生态文明建设中存在的民主制道路的现实情况，丰富了中国生态民主治理模式的内涵。那些被媒体宣传报道的鲜活饱满的村民形象、排除万难进行石漠化治理的奇迹，虽然被渲染得极为煽情，但滤去其中的文学色彩，一个个具体案例无不彰显基层民众穷则思变背景下自力更生

① 王发冬、杨兴茂等：《滇东南喀斯特地区植被恢复技术研究》，《现代物业》（上旬刊）2014 年第 6 期。

改造生存环境，在地方政府支持下共治石漠化，形成具有中国特色的生态民主治理模式的核心主旨。

（一）西畴生态民主治理实践的经济成效

20世纪90年代以来，西畴县苗族、瑶族、壮族、汉族等民族经过几十年的努力，探索出了一条独具特色、符合地方可持续发展需要的石漠化治理及生态修复之路，取得了较好的生态及经济效益，主要表现为两个方面。

一是增加了耕地面积及粮食产量，改善了地方生态环境，提高了植被覆盖率。经过多年努力，西畴县石漠化生态治理取得了较好效果。到2018年，共治理石漠化面积超过140km²，建成了10多万亩“三保”（保土、保肥、保墒）台地，垒成了5万多km石埂，土地复种指数达300%，人均有粮351kg，每年减少水土流失1132～2264t，年表土流失减少1.9cm以上，取得了良好的经济和水土保持效益。2019年4月，西畴县在文山州率先脱贫摘帽，其开山造田的石漠化治理方式及生态修复成果，引起了全社会的关注。西畴精神、西畴模式成为当代云南生态文明建设的新模式、新范式。

西畴县自20世纪90年代开始进行石漠化治理以来，退耕还林、植树造林、搬石种树工作逐步展开，森林覆盖率迅速提高，区域生态景观得到了极大改观。最显而易见的、被称道的，就是村民在私有地、公有地上以不同方式搬石种树，而且政府也鼓励植树造林的行动，终于把濯濯童山变成了植被茂密的美丽山川。退耕还林面积达622.70km²，荒山荒地造林及封山育林面积分别达1466.07km²、340.02km²，提升了喀斯特地区的植被整体覆盖率，使中高植被覆盖区和高植被覆盖区面积增加，也为地方经济发展、农民增收开辟了新道路。[①] 村民自发种树，很

① 丁文荣：《滇东南喀斯特地区植被覆盖变化及其影响因素》，《水土保持研究》2016年第6期。

多村寨把保护环境、植树造林写进村规民约中，世世代代遵守。

西畴县林业局也开始实施多个林业工程项目，封山育林十余年后，林地占比从16.8%增加到34.55%。[①] “十二五”期间，西畴县治理石漠化面积140.2km^2，增加林地面积2234km^2、坡改梯地面积273km^2，改善了喀斯特地区的水土涵养能力，灌溉面积达350.67km^2。[②] 森林覆盖率大幅度提高，“西畴人民大力推进‘山、水、林、田、路、村’的石漠化综合治理。治理石漠140.2km^2，封山育林0.841万hm^2，人工造林0.223万hm^2，森林覆盖率从20世纪80年代的25.24%提高至53.3%”[③]。石漠化最严重的三光村多年坚持植树造林，变成了“森林广覆盖、水土能保持、农业有特色，民族更团结”的绿色生态综合示范区，真正成为生态文明建设的排头兵。

二是改变了区域社会经济面貌。石漠化治理大大提高了粮食产量。村民家庭经济来源扩大，生活有了保障，收入渠道也增多了。

有学者对西畴县蚌谷乡木者村的典型样地进行调查和测算。1990年，当地裸石地面积高达149.10hm^2，当时尚无梯田梯地，1990年后造地面积达60hm^{2}以上，中低产田改造面积达58hm^{2}以上。2006年，当地典型样地内裸石地面积降至96.20hm^2，占总耕地面积的比重为38.30%，梯田梯地面积占总耕地面积比重达到79.27%，全村人均良田0.0006hm^2。石漠化治理缓和了人地矛盾，增加了农民收入，基本消除了结构性贫困。[④]

村民修筑的小水窖容量约15～30m^3，是雨水集蓄利用的较好方式，通过集、拦、引、蓄技术收集雨水，不仅能解决人畜饮水问题、浇灌0.1～0.2hm^{2}的旱地，增收粮食1500kg/hm^{2}以上，还可减少地面径流的

---

① 云南省林业生态工程规划院：《西畴县森林资源规划设计调查报告》，2006年。

② 王莞婷、邓毅书：《构树种植加工产业对石漠化治理的综合效益浅析——以西畴县土地石漠化现状为例》，《云南科技管理》2017年第6期。

③ 《“石头地”里种出新希望——云南省西畴县脱贫记》，《乡村科技》2019年第16期。

④ 田富华：《滇东南喀斯特石漠化地区农业可持续发展模式初探——以西畴县为例》，载《中国自然资源学会会议论文集》，2010年中国山区土地资源开发利用与人地协调发展研讨会，昆明，2010年7月。

冲刷，减少土壤侵蚀，防止水土流失，有效减轻洪涝灾害。“兴建、改造、维修、配套了数以千计的农田水利工程、人畜饮水工程、防洪排涝工程，尤其是以旱地水浇池为主的‘集雨小水窖’工程的建设，实现了涝能蓄水，旱能浇灌的目标，全面提高了抗旱能力，增加了有效灌溉面积，使耕地有效灌溉率从1990年的15.35%提高到2006年的16.48%。”[①]

农业生态景观及交通状况也发生了极大改变。2010年前后，西畴县长箐中低产田地改造示范项目用电钻、挖掘机、扁担、竹篓全面改造5450亩旱地后，昔日“跑土、跑水、跑肥”的“三跑地”变成了赏心悦目、绿色宜居的沃土，石埂错落有致，公路蜿蜒如带，果林枝繁叶茂，蓄水池散落田间地头……全民参与的生态治理模式的成效跃然眼前。

大部分村民因此脱贫致富，如因“树木砍光、水土流光、姑娘跑光”而得名的“三光”村是石漠化地区多民族聚居的贫困村，实现了“山上绿起来、水土留下来、姑娘嫁进来”的蝶变，在综合治理中男女老少齐上阵，“共治理小流域面积2.45万亩，整治土地9500亩，建设林业生态工程1.5万亩，新建‘五小水利’工程，农民人均可支配收入增加到6920元”。[②]

（二）西畴石漠化生态民主治理模式的价值及宣传反思

“西畴模式”作为中国生态文明区域建设的典型代表，在中国乃至国际上引起了较大的反响，地方政府进行的一系列宣传，让这个模式更加生动形象、具体真实，当然也更加感性，“小康是干出来的，不是等靠要来的”“搬家不如搬石头，苦熬不如苦干”等口号，在更广泛的社会层面上发挥了宣传的力量，具有了更大的说服力、感染力，让许多案例及事迹在文字表达上更加凝练，内容上显得更加“高大上”。

---

① 陶文星等：《滇东南喀斯特石漠化地区粮食增产的主导因素分析——以西畴县为例》，《中国农学通报》2009年第24期，第443页。

② 浦超：《“石头地”里种出新希望——云南省西畴县脱贫记》，《乡村科技》2019年第16期。

一些村寨的石漠化治理效果及宣传效应是全方位的，如兴街镇江龙村党支部委员刘超仁从教师岗位上退休后，带领群众“苦干实干”，把“山头无帽子、山腰拉肚子、山脚盖被子、村中无池子、喝水靠担子、吃粮靠返销、用钱靠赊借”的贫困村，治理成了远近闻名的生态村、富裕村、文明村，村民们自筹资金铺筑进村入户水泥路，安装路灯，建活动室，建设村内花园，生态环境、生产生活条件和村容村貌发生了巨大变化，森林覆盖率由32%提高到80.4%。凭借引进种植优质柑橘、养殖生猪和外出务工等，全村人均年收入超万元。[①] 江龙村成为西畴县石漠化治理和美丽乡村建设中的先进典型，由此而来的宣传也很正面，类似案例的报道比比皆是，产生了积极的社会效果。

但部分夸大的包装及华而不实的报道，让人感受到过分“包装”及刻意的痕迹，漂亮的言语淡化了石漠化的实际治理效果，虽然不能说是画虎未成，却未能让读者及听众完全达到情感的共鸣，没有能够刻画出区域历史中最动人片段的真实感、既视感。

尽管江龙村、“三光”村成功的石漠化治理案例是中国生态文明民主治理模式的典型代表，但西畴的石漠化治理之路，是一条极不平凡、艰难万分的路。虽然正面宣传很有效，但过度宣传对西畴的基层生态治理路径、案例及其社会价值，反而起到削弱甚至虚浮化的作用。

同时，对西畴模式的文本记载及媒体的宣传报道，包括图片、视频的解读，绝大部分都仅停留在事迹、精神的宣传上，没有从制度层面、理论高度对石漠化治理的路径等进行总结。

当然，对西畴模式的宣传更没有思考其与民主治理模式是否具有普遍性？其经验教训在其他地区的实践中是否可资借鉴？西畴未来的发展路径应如何突破？民众参与的基层生态治理的民主模式，还需要如何丰富？这些问题都是中国生态民主治理模式的理论探索及未来实践中需要重视的。

---

① 徐体义、张登海等：《西畴精神：写在石漠上的壮美史诗》，《时代风采》2018年第10期。

（三）中国生态民主治理的未来完善

“生态民主”及其制度建设，无疑是生态文明建设中需要厘清及重视的学理问题。但无论是学界对“生态民主”的概念和内涵如何界定、社会如何去看待及推进中国生态民主的进程，还是生态民主的标准是否存在区域及时代的差异，群众参与、公众推动、官民共同推进的制度韧性建设，应该是生态民主的目标和宗旨；生态民主中作为主体的公众参与的增多及其内涵扩展，应该是其标准之一。

中国当代的环境保护及生态文明建设，一直被认为是自上而下的政府主导的模式，生态民主被认为是缺位的。但远在西南边疆的云南省西畴县由苗族、瑶族、壮族、汉族等民族共同创建的生态文明建设模式，用群众主动、精神鼓动、干部带动、党政推动的模式，彰显了中国生态文明建设实践中自下而上的生态文明民主治理模式的特点，虽然极富区域特色，但却是中国生态文明建设进程中以小见大、绝非个案的典型案例。

西畴石漠化治理模式的生态、经济及可持续发展成效，是显而易见的，说明基层民众自发参与生态治理的方法和实践的民主治理模式，在中国应对、解决区域生态危机方面是可行的、有效的，对中国当代生态文明民主制度的建设，无疑具有极大的引领性、示范性作用。各族基层群众能够践行云南提出建设生态文明排头兵的精神，说明中国的生态民主治理模式一直都存在于基层不同类型的生态治理实践中，并且发挥着极好的社会经济及生态修复作用。

对中国生态文明建设的实践及思维而言，这种民众自己动手重建人与自然共生关系的新理念、新路径，在具体实践中既丰富了生态民主的理念及内涵，也突出了中国生态民主治理模式的特色及优势，既避免走西方生态民主的固有路径，也凸显了中国的区域特色及不同的实践范式，不仅在民众的具体生态治理实践中发挥了政府参与及主导的作用，为生态民主理念的传播提供了良好的社会、政治环境，也在中国生态民主治理模式的未来推进中，提供了更多思考的空间及参照。因此，中国未来生态民主治理模式的建设，应该从以下四方面努力。

首先，建立健全促进公民生态意识宣传、普及、培育及其行为模式养成的社会成长机制，建立鼓励公民承担生态责任及义务的机制，加强民众的生态担当和参与意识，使更多的人关注自然及生态环境，实现普通公民向生态公民的转变，更好地满足民众对生态民主的需求和期望。

其次，从制度层面不断建设及完善具有中国特色的生态民主治理机制，在实践层面不断丰富中国生态民主治理的内涵，推行适合中国国情的生态民主治理的理念及价值观，培育正确的生态理念及生态行为，尤其是正确对待人类生存资源、看待人在自然界中的位置、处理人同自然物种间的生存关系，促进人们真正理解人与自然和谐共生关系的内涵。

再次，应该研究并逐步建立不同时期、不同区域的生态民主的思想体系及行为模式的评价、考核标准体系，健全生态法制及执行的力度，促进生态民主制的思想意识及行为模式在公民日常生活习惯中的培养及普及。

最后，在具体的生态文明制度建设中，加大制约某些部门及团体的生态决策权，加大公众的生态参与及决策、监督力量，坚持推进生态问责制的公众监督机制，进一步加强及提高政府的生态公信力，在生态治理及环境管理中建成一个党政同责、社会共治、公众参与的良性制度格局，从更深远的层面上推进中国生态民主治理的社会化进程。

乡村文化、乡村发展与政府认同：基于环境治理的结构与文化分析

张金俊*

摘　要： 本文基于三个村庄的案例，考察乡村文化、乡村发展与环境治理的关系。研究发现，乡村文化在农村环境治理中具有重要价值，但是现代的农村环境治理与地方政府主导和乡村发展紧密相连。地方政府在主导环境治理时，尊重利用了乡村文化，统筹了环境治理与乡村发展的关系，农民对地方政府的认同感日益增强，出现了农民对政府的认同现象。这种政府主导型环境治理模式或是我国今后农村环境治理的基本走向。同时，我们在学术研究上也更需要予以积极回应，实现结构与文化分析的相互交融。

关键词： 环境治理　乡村文化　乡村发展　政府认同　结构与文化分析

一　文献回顾与问题的提出

随着近年来国家对农村环境治理的高度重视，尤其是乡村振兴战

* 张金俊，安徽师范大学法学院教授，研究方向为环境社会学。

略的提出和实施，以及我国环境社会学的迅速发展，农村环境治理问题愈益引发我国环境社会学界的积极关注和倾力研究。有学者以环境治理的“结”与环境善治的“解”为线索，较为系统地梳理了环境治理的社会学研究成果。[①] 经过对相关重要文献的梳理，不难发现一个重要的研究特点，即结构取向的研究成果较多，文化取向的研究成果较少且主要是探讨生态知识、农民环境行动与环境保护的关系，结构与文化结合的研究成果更显单薄。在当前农村环境治理的深化阶段，结构取向的研究需要融入乡村文化的关键元素，需要“乡村文化的再发现”[②]。同样，文化取向的研究也不能忽略或绕开结构视角，因为我国的农村环境治理是由政府主导的。在农村环境治理的社会学研究中，结构分析与文化分析应该实现一种有机结合，淡化、忽视或放弃其一是不足取的。

结构取向的研究非常注重分析政府主导的农村环境治理过程、机制、模式、路径与结果等，其解释力比较强大，比如常规式、运动式[③]等农村环境治理研究。在常规式和运动式这两种环境治理机制中，前者强调的是科层机制及其常态化监管，而后者往往在常规式治理机制失灵时出现。[④] 有学者通过对“零点行动”的研究，发现目前技术主导的学术研究与治理措施，不能从根本上解决太湖流域的生态环境问题，认为指望用毕其功于一役的运动方式来解决水污染问题，是注定要失败的。[⑤]

---

① 陈涛：《环境治理的社会学研究：进程、议题与前瞻》，《河海大学学报》（哲学社会科学版）2020 年第 1 期。

② 陆益龙：《乡村文化的再发现》，《中国人民大学学报》2020 年第 4 期。

③ 王刘飞、王毅杰：《转型社会中运动式治理的价值探讨：以元镇环境治理为例》，《南京农业大学学报》（社会科学版）2017 年第 5 期。

④ 陈涛、李鸿香：《环境治理的系统性分析：基于华东仁村治理实践的经验研究》，《东南大学学报》（哲学社会科学版）2020 年第 2 期。

⑤ 陈阿江：《从外源污染到内生污染：太湖流域水环境恶化的社会文化逻辑》，《学海》2007 年第 1 期。

韧性[①]、协同[②]、合作[③]、内发性[④]、日常生活视角[⑤]等农村环境治理研究，相较于以往结构视角的研究，体现了一定程度的反思或转向，尤其是强调乡村日常生活的转型与重构，但相关研究却也在一定程度上淡化了结构性的治理力量和作用。不过，当前政府主导的环境治理模式确实存在着“一刀切”的问题，倾向于简单化、单一化地处理环境问题，而且，往往强调和主张利用现代技术手段来解决环境问题，从而造成人与自然的对立。[⑥] 因此，环境治理必须秉持系统性思维，运用系统疗法，而不能“头痛医头、脚痛医脚”。环境善治需要基于国家、市场与社会的高度匹配。[⑦]

文化取向的研究侧重于分析和解释乡村文化在农村环境保护与治理中的重要作用。如，景军使用“生态认知革命”和“生态文化自觉”两个概念研究西北地区一个村庄的农民环境保护行动，特别指出社会科学研究应充分考虑到地方性文化在农民环境保护行动中的特殊意义以及地方性文化与我国农民生态环境意识的连接。[⑧] 陈涛阐释了农村精英的生态实践从“生态自发”到“生态利益自觉”的社会过程与效应，[⑨]

---

① 参见张诚《韧性治理：农村环境治理的方向与路径》，《现代经济探讨》2021年第4期。

② 参见叶大凤、马云丽《农村环境污染协同治理机制探析：以广东M市为例》，《广西民族大学学报》（哲学社会科学版）2018年第6期。

③ 参见吴蓉、施国庆《农村环境合作治理生成的过程与机理研究：基于S村的案例》，《农村经济》2019年第3期。

④ 参见蒋培《农村环境内发性治理的社会机制研究》，《南京农业大学学报》（社会科学版）2019年第4期。

⑤ 参见张斐男《日常生活视角下的农村环境治理：以农村人居环境改造为例》，《江海学刊》2021年第4期；范叶超《理解内生性：实践论与乡村环境变化研究》，《南京工业大学学报》（社会科学版）2021年第4期；范叶超《重构实践：乡村日常生活转型与环境治理——以闽西溪地水土流失治理为例》，《学习与探索》2021年第9期。

⑥ 蒋培：《农村环境内发性治理的社会机制研究》，《南京农业大学学报》（社会科学版）2019年第4期。

⑦ 陈涛、李鸿香：《环境治理的系统性分析：基于华东仁村治理实践的经验研究》，《东南大学学报》（哲学社会科学版）2020年第2期。

⑧ 景军：《认知与自觉：一个西北乡村的环境抗争》，《中国农业大学学报》（社会科学版）2009年第4期。

⑨ 陈涛：《从“生态自发”到“生态利益自觉”：农村精英的生态实践及其社会效应》，《社会科学辑刊》2012年第2期。

以及笔者关于一个村庄的农民基于集体记忆而开展的环境保护行动研究[①]等。不过，在现代的农村环境治理中，如果过于强调乡村文化的力量和作用，淡化或忽视了结构分析这一重要面向，文化层面的解释同样面临着疏离外部结构的“内生性”困境。

早在20世纪90年代初，麻国庆就提出社会学在研究环境问题时，需要将其置于特定的社会结构与文化分析之中。[②] 20世纪90年代末，马戎强调必须重视环境社会学，也认为需要对环境问题进行结构与文化层面的分析；[③] 洪大用以环境社会学的视角，从结构、文化等面向深入阐释了当代中国社会转型中的环境问题及技术、制度、文化等层面的环境保护对策。[④] 在此后的一系列研究中，洪大用等学者不仅注重结构分析，还坚持文化分析，尤其体现在其近年来对我国环境问题与治理实践、居民环境关心与环境行为、环境治理转型与绿色社会以及环境社会治理的研究中。[⑤] 陈阿江在研究我国的农村水污染治理问题时，认为需要同时考虑深层的社会结构与文化。[⑥] 包智明、陈占江在回顾与反思包括社会结构与文化等特征在内的中国经验的环境研究时，认为中国经验与中国环境社会学存在休戚相关、互相建构和重塑的关系，中国环境社会学需要宏大叙事与微观叙事相结合的想象力与操作力。[⑦] 这也反映了他们在研究环境问题时既注重结构分析也坚持文化分析的研究主张。

① 张金俊：《集体记忆与农民的环境抗争：以安徽汪村为例》，《安徽师范大学学报》（人文社会科学版）2018年第1期。

② 麻国庆：《环境研究的社会文化观》，《社会学研究》1993年第5期。

③ 马戎：《必须重视环境社会学：谈社会学在环境科学中的应用》，《北京大学学报》（哲学社会科学版）1998年第4期。

④ 洪大用：《中国社会转型中的环境问题及其对策研究：环境社会学的一种视角》，博士学位论文，中国人民大学，1999年。

⑤ 洪大用、范叶超等：《迈向绿色社会：当代中国环境治理实践与影响》，北京：中国人民大学出版社，2020年；洪大用：《关于环境社会治理的若干思考》，《中央民族大学学报》（哲学社会科学版）2022年第1期。

⑥ 陈阿江：《水污染的社会文化逻辑》，《学海》2010年第2期。

⑦ 包智明、陈占江：《中国经验的环境之维：向度及其限度——对中国环境社会学研究的回顾与反思》，《社会学研究》2011年第6期。

本文提出的问题是，乡村文化在环境治理中有何价值？又有何局限？在乡村发展的话语下，地方政府如何尊重利用乡村文化的价值推进环境治理？如何处理环境治理与乡村发展的关系？在农村环境治理过程中，农民的政府认同现象是如何出现的？有何向度？这种政府认同现象是否可以与一项关于新时代从脱贫攻坚到乡村振兴中国家与农民关系呈现“家国一体”关系①的社会学研究相呼应？本文将基于农村环境治理的结构与文化视角，主要结合2019～2021年间对华东地区花村、西村及港村②的实地调研资料，对上述问题做出分析和解释。这三个案例的选取，不仅考虑了不同的乡村文化元素与环境治理的关系，也考虑了村庄经济、农民生计与环境治理的关系，以及地方政府如何处理环境治理与乡村发展的关系等诸多因素。

本文余下部分的结构安排如下：第二部分，从文化的视角分析乡村文化与农民自发开展的环境治理；第三部分，从结构的视角分析政府主导的环境治理与乡村发展的关系；第四部分，从结构与文化结合的视角探讨农村环境治理过程中农民的政府认同现象；最后是结语与讨论。

二 乡村文化与农民自发的环境治理

我国传统文化中蕴含着丰富的生态思想。“天人合一”的整体生态观来源于农业生产实践，是传统社会处理人与自然关系的主流意识。③乡村文化是我国传统文化的组成部分，具有重要的生态价值。④在现代意义上，乡村文化则包括嵌入型和内生型两种样态。前者是共时性的乡

---

① 周飞舟：《从脱贫攻坚到乡村振兴：迈向“家国一体”的国家与农民关系》，《社会学研究》2021年第6期。

② 按照学术惯例，笔者已对文中的地名进行了匿名处理。

③ 罗顺元：《中国传统生态思想史略》，北京：中国社会科学出版社，2015年，第280～285页。

④ 梁茜：《乡村文化生态价值的现代性境遇与重建》，《广西民族大学学报》（哲学社会科学版）2014年第3期。

村公共文化服务的供给；后者表现为历时性的乡土文化，其与乡村社会的生产生活方式、内在价值结构以及乡村社会所处的时空变迁过程紧密相关。[①]

在本文中，乡村文化指的是历时性的乡土文化。陆益龙认为，乡村文化是在乡土性的社会空间和社会系统中创造出来并保留和传承下来的自然生态文化遗产以及生产生活文化，是由田园生态、生活方式、风情民俗、古建遗存、传统技艺等多种元素构成的复杂综合体。[②] 他指出，乡村文化具有多重价值，包括历史记忆、社会整合、维持社会文化多样性以及经济效益等方面的价值。[③] 此外，笔者以为，乡村文化还可以通过记忆传承、价值内化、经济张力等方式增强农民的环境意识，激励他们参与环境保护与治理的行为，从而凸显其在环境保护与治理中的重要价值。笔者在对花村、西村、港村这三个村庄进行调研时，发现集体记忆、村规民约、传统习惯等乡村文化元素比较有利于农民自发地进行环境治理。

（一）集体记忆与花村的环境治理

集体记忆是特定的群体成员共享往事的一种过程和结果。[④] 笔者在之前的一项研究中发现，一个村庄的农民基于代际传播的集体记忆而开展了长达 20 年的环境保护行动，进而促进了村庄污染问题的解决，推进了村庄的环境治理。[⑤] 在一些村庄，农民的集体记忆不仅使得村庄的生态平衡得以维持，还在一定程度上推动了村庄的环境治理。在这些农民的集体记忆中，核心元素包括了“惜”“美”“韧”等并通过群体

---

① 聂永江：《乡村文化生态的现代转型及重建之道》，《江苏社会科学》2020 年第 6 期。

② 陆益龙：《乡村文化的再发现》，《中国人民大学学报》2020 年第 4 期。

③ 陆益龙：《乡村文化的再发现》，《中国人民大学学报》2020 年第 4 期。

④ 杨晓明：《知青后代记忆中的“上山下乡”：代际互动过程中的传递与建构》，《青年研究》2008 年第 11 期。

⑤ 张金俊：《集体记忆与农民的环境抗争：以安徽汪村为例》，《安徽师范大学学报》（人文社会科学版）2018 年第 1 期。

的代际传播延续下来。“惜”指的是他们珍惜爱护生态环境，“美”指的是他们记忆中的生态环境之美，“韧”代表的是他们通过行动持续地维护村庄的生态平衡。这与之前关于农民环境保护行动的研究所呈现的“苦”“韧”“怨”“恨”[①] 等核心元素有所不同。

花村的历史可以追溯至明清时期。明清至民国时期，因为农田利用、水利灌溉、环境保护等，花村曾多次发生过农民个体性与群体性的环境保护行动。新中国成立后，花村总体上还保持着人与生态之间的相对平衡。改革开放前，花村的生态环境因为“小钢铁”、“小土群”[②]、毁林等影响而遭到一定程度的污染和破坏。部分村民基于“惜”“美”“韧”等集体记忆而采取过一些环境保护行动，包括几次小规模抵制过度炼钢铁、守山护林等行动。改革开放后，花村出现了一定程度的“内生污染”[③]，主要是村民在农业生产中不合理地施用化肥和农药导致的。为了减低污染程度，村干部和一些农村精英通过示范和动员，激发了广大村民“惜”“美”“韧”的集体记忆。在他们的带动下，村民们开始逐年减少化肥的施用量，把化肥施用和以前的牲畜粪便施肥结合起来；尽量使用新型农药，减低耕地污染程度。这些做法对维持村庄的生态平衡起到了重要作用。

（二）村规民约与西村的环境治理

西村也是自明清时期一直延续至今，生态旅游资源比较丰富。明清至民国时期，村规民约在西村的生态环境保护中曾发挥过重要作用。新中国成立后，社会主义国家逐渐加强了对乡村社会的管理，传统的村规民约基本销声匿迹，直到20世纪80年代，村规民约再次进入国家政权

---

① 张金俊：《集体记忆与农民的环境抗争：以安徽汪村为例》，《安徽师范大学学报》（人文社会科学版）2018年第1期。

② “小土群”，指的是“大跃进”时期按照“土法”建起来的炼铁、炼钢、炼焦、开采煤矿和铁矿的小型生产设备群体。

③ 陈阿江：《从外源污染到内生污染：太湖流域水环境恶化的社会文化逻辑》，《学海》2007年第1期。

的视野。[①] 20 世纪 90 年代，《中华人民共和国村民委员会组织法》（1998 年）确立了村规民约的法律地位。[②] 20 世纪 90 年代以后，西村的生态旅游逐渐发展起来，随之而来出现了一些污染现象，一方面是游客的“旅游垃圾”污染；另一方面是西村的“内生污染”，包括少数村民在河里洗衣服、涮拖把，随处倾倒生活垃圾，一些民宿、餐饮的经营者乱倒脏水和厨余垃圾等，他们“变保护者为污染者”[③]。

为了村庄生态环境和旅游的持续健康发展，西村的村干部一方面组织了一支志愿者队伍对游客进行适当的劝阻，但是发现效果并不明显；另一方面，在主要借鉴西村传统村规民约的基础上，经与村民集体商议，制定了《西村村规民约》（2004 年），其中关于生态保护与治理的奖惩性规定在一定程度上约束和规范了村民的环境行为。一项研究也发现，随着村规民约的价值体系内化，村民的生态保护意识逐渐提高，村规民约的奖惩性规定也较好地规范了村民的生态保护行为。[④]《西村村规民约》还规定，组织村民定期清理河道以及合理利用可回收垃圾等。此后的几年，西村的“旅游垃圾”污染和“内生污染”现象均有所改善。

（三）传统习惯与港村的环境治理

港村农民世代有保护生态环境的传统习惯，他们在日常生活和生产中爱护耕地，保护河流和树木，极少焚烧秸秆，几乎从不乱倒生活垃圾。改革开放前，港村的生态环境受到“小钢铁”“小土群”等影响较小，可以说基本上没有什么环境污染。改革开放后，港村有少数农民开

---

① 苏运勋：《村规民约的社会基础及其运作机理：以鲁中 D 村为例》，《兰州学刊》2021 年第 3 期。

② 《中华人民共和国村民委员会组织法》（2010 年修订）第 27 条规定：“村民会议可以制定和修改村民自治章程、村规民约，并报乡、民族乡、镇的人民政府备案。”

③ 陈阿江：《从外源污染到内生污染：太湖流域水环境恶化的社会文化逻辑》，《学海》2007 年第 1 期。

④ 龙丽萍：《村规民约在乡村生态环境治理中的困境及发展路径研究：以 H 村为例》，硕士学位论文，贵州民族大学，2021 年。

始通过养猪来提高家庭收入，当时造成的污染比较轻微。到了20世纪90年代，港村大多数农民都在养猪，有的家庭养猪数量达到十几头。他们按照传统的做法，或者把猪粪晒干之后当作肥料直接撒到田里，或者把猪粪浸泡在水中发酵之后灌到田里。他们让猪粪还田的做法是我国传统农业施肥的一种重要做法。我国传统农业很重视物质的循环利用，把人畜粪便、农作物秸秆等各种废弃物处理后转变为肥料。[①]

不过，因为村民养猪总体数量较多且在村庄内分布较散、较广，村民经常会闻到一些难闻的气味，即产生了一定程度的空气污染。村庄的河水也遭到污染，影响了一些村民的日常生活与农业生产。此外，同花村一样，化肥、农药的不合理施用也造成了耕地污染。为了降低污染程度，在村委会的组织下，港村养猪的农民经过几次集体协商，后来均采取了把猪粪浸泡在水中进行发酵处理的做法，村庄内难闻的气味减少了很多，空气污染现象有所缓解。另外，他们开始逐年降低化肥的施用量，有的家庭因为猪粪肥料较多干脆不在农田里施用化肥。村民也尽量使用新型农药。这些做法不仅降低了农业生产投入和养猪成本，而且对村庄生态平衡的维持起到了重要作用。

从上述三个案例来看，乡村文化具有重要的环境保护与治理价值。乡村文化不仅通过记忆传承、价值内化、经济张力等方式增强了农民的生态环境意识，而且在某种程度上实现了与农民生态环境意识的连接。集体记忆、村规民约、传统习惯这些不同的乡村文化元素，激发了农民在农副业生产、旅游业发展中参与环境保护与治理的行为，使得这几个村庄的环境问题得到缓解、生态平衡得以维系。不过，在乡村发展的话语下，乡村文化在现代环境保护与治理中的局限性也是显而易见的。如果没有地方政府的充分重视，乡村文化在环境保护与治理中或将日渐边缘化，很难被“再发现”。

---

① 罗顺元：《中国传统生态思想史略》，北京：中国社会科学出版社，2015年，第302页。

三　乡村发展与政府主导的环境治理

对于发展中国家来说，发展与环境之间经常是有矛盾冲突的，经济增长可能加重环境污染和生态破坏，也可能带来更好的环境。[①] 现代化给我国乡村带来了环境危机，但不能就此全盘否定乡村发展的价值，应当积极地去探索乡村发展与环境保护是否以及在多大程度上存在“双赢”的可能性。[②] 关键是需要找到一个平衡点，使经济发展、社会发展和环境保护相互融合。[③] 笔者在调研中发现，在农村环境治理实践上，一些地方政府尊重利用乡村文化的价值，以期更稳、更准、更快、更好地推进环境治理。此外，一些地方政府还非常注重统筹环境治理与乡村发展的关系。在乡村发展中，农民生计问题又是被其列为极其重要、亟待解决的民生问题。

基于乡村文化的环境保护与治理价值，有学者提出环境治理应该以社区为基础。因为社区是文化的生存场所，社区有真正的社会生活，社区的生态环境不仅是要保护的对象，而且以此为基础才能建立起人类的生存空间、社会纽带、劳动需要的满足以及文化的根基。[④] 其实，这只是农村环境治理的一种路径选择。世界各国的经验表明，政府在环境治理中发挥着主导作用。就我国而言，农村环境治理总是与政府主导和乡村发展紧密相连。我国的农村环境治理是由政府主导的，而脱离政府主导的自主治理也会在实践中面临诸多困境。在乡村发展的话语下，农村的环境问题会因为“发展”而不断出现或重现，甚至会演变成复

① 中国环境与发展国际合作委员会：《给中国政府的环境与发展政策建议》，北京：中国环境科学出版社，2005 年，第 160 页。

② 范叶超：《理解内生性：实践论与乡村环境变化研究》，《南京工业大学学报》（社会科学版）2021 年第 4 期。

③ 中国环境与发展国际合作委员会：《给中国政府的环境与发展政策建议》，北京：中国环境科学出版社，2005 年，第 160 页。

④ 陶传进：《环境治理：以社区为基础》，北京：社会科学文献出版社，2005 年，第 259 页。

合型环境问题，这是以社区为基础的环境治理所难以应对的，我们应该看到被渐渐边缘化的乡村文化的局限性；而且，在农村环境治理中，还存在着环保与生计的博弈，[①] 必须要有地方政府与农民之间有效的动员与协调机制。因此，政府主导与政府对乡村文化的尊重利用或是今后农村环境治理的基本走向。在这个过程中，地方政府需要统筹好环境治理与乡村发展的关系，尤其需要重视和解决农民的生计问题。

（一）政府主导的花村环境治理

花村在2005年以前经济发展状况一般，村内1/3左右的青壮年劳动力在外务工。2005年以后，花村所在的镇政府响应中央号召，积极推进社会主义新农村建设。该镇大力倡导发展乡村产业，动员各个村庄的农民都尽快加入产业发展队伍，尽快富起来，"一个都不能掉队"。镇政府领导在花村调研时，认真听取了村干部和部分村民代表的意见，决定根据花村农民长期守护生态环境的集体记忆、村庄长期以来的生态环境优势以及靠近城市的地理区位优势，让花村发展大棚蔬菜种植产业，政府给予政策优惠、财政补贴和技术支持。

镇政府领导、村干部和很多村民一致认为，要想实现大棚蔬菜种植经济效益好、发展可持续，必须走"生态、干净、环保"之路，而薄膜、化肥、农药等是大棚蔬菜种植的重要污染源。在薄膜的使用和处理上，一是做到不要随意弃置、掩埋或焚烧；二是镇政府干部和农民一起，几乎是"一锄头、一锄头"地把残留在土壤中的薄膜"挖出来""捡起来"；三是镇政府引进相关企业，从技术层面做到废旧薄膜的回收再利用。在化肥的施用上，一是尽量减少施用量；二是镇政府安排专门的技术人员，指导农民进行牲畜粪便的自然发酵以及制作发酵有机肥料。在农药的使用上，使用新型农药并逐季逐年减少农药的使用量。

① 李尧磊：《农村生态环境治理中环保与生计的博弈：以华北A村为例》，《广西民族大学学报》（哲学社会科学版）2018年第6期。

实践证明，这些做法使得花村的大棚蔬菜种植基本上实现了“生态、干净、环保”的目标，村民的收入逐年提高，村庄经济有了一定发展，同时，也吸引了一些外出务工的农民回到花村从事大棚蔬菜种植，实现了环境治理、经济效益与社会效益的共赢。

（二）政府主导的西村环境治理

2009年以后，西村的生态旅游发展呈现持续良好态势，民宿、生态旅游产品给西村农民带来了较好的经济收益，村庄经济发展也从一般的行列中走出来。与此同时，西村的生活污水处理面临很大压力。此外，还有生活垃圾污染和河水污染等问题。镇政府出台了民宿生活污水治理方案，将污水统一接入西村污水处理管网进行集中处理，规定规模较大的民宿需安装单独的污水处理设施，镇政府给予适当补贴。针对涉及餐饮的民宿所产生的油污、一次性塑料制品、厨余垃圾等污染问题，镇政府要求其安装隔油池，同时，每天安排垃圾清运车把垃圾运到中转站。镇政府投入一定的资金，联合村委会，动员村民定期清理河道，打捞河面上的“白色垃圾”。

为了在环境治理上更好地实现镇政府、村委会与农民的合作，镇政府领导建议西村村委会对村规民约进行修订。在村委会的主持下，《西村村规民约》于2014年完成了修订。修订后的村规民约在环境保护与治理上的重要体现有两点：一是激励村民主动参与到环境治理中，积极配合政府部门、村委会治理好村庄内的各种污染问题；二是解决民宿在经营活动中产生的污染问题以及村民自己引发的“内生污染”问题。经过几年的治理，西村的污染问题得到了极大缓解。

（三）政府主导的港村环境治理

2000年之前，港村的经济发展较为落后。2000年以后，大多数农民还在继续养猪，他们主要想通过养猪来进一步提高家庭收入，有些农民的养猪数量多达几十头。养猪数量的急剧增长使得港村农民的传统习惯和做法难以较好地维持村庄的生态平衡，村庄的空气污染、河水污染、土壤污染问题日渐加重。在港村环境治理实践中，镇政府一方面尊重利用港村农民让猪粪还田的传统做法，另一方面和村干部一起动员养猪数量多的农民做沼气池试验。沼气池试验成功后，许多农民感觉到利用沼气池的确比传统做法要好很多。几年以后，沼气池在养猪的农民家庭中逐渐普及，养猪规模稍微大一些的家庭基本上一户一个沼气池。后来，又经过几年的努力，沼气池被推广到一些不养猪的农民家庭。沼气池建设费用主要由镇政府财政承担，村里和农民只承担很少的部分。

沼气池的普遍使用给港村带来了良好的生态效益和经济效益，村庄的空气污染状况显著改善，河水又变得清澈了，农民的农业支出减少了，家庭收入增多了，村庄经济发展也从落后的行列中走了出来。因为沼液和沼渣的合理利用，村庄的耕地污染问题也有所改善。另有一项研究也指出了沼气池使用具有明显的生态效益与经济效益。[①] 在镇政府的建议和扶持下，港村几户农民家庭正在筹备建立现代化的小型养猪场，并着力在规划设计和生产过程中处理好养猪场可能面临的脏、乱、差等污染问题。

环境与发展相辅相成，保护环境是发展的重要组成部分。缺少必要的环境保护，发展将会受到损害；不强调发展经济，环境保护则难以得到资金保障。[②] 在上述三个案例中，地方政府不仅统筹了环境治理与乡村发展的关系，还做到了尊重利用乡村文化，发动广大农民参与，比较有效地推进了农村的环境治理。花村农民的集体记忆使村庄保持了良好的生态环境优势，加之村庄的地理区位优势，镇政府领导因势利导，决定让花村发展大棚蔬菜种植产业，除了给予政策优惠和财政补贴，还在产业源头和生产过程中预防和治理污染问题，动员和协调农民兼顾

---

① 蒋培：《农村环境内发性治理的社会机制研究》，《南京农业大学学报》（社会科学版）2019年第4期。

② 中国环境与发展国际合作委员会：《给中国政府的环境与发展政策建议》，北京：中国环境科学出版社，2005年，第160页。

生态效益与经济效益。在镇政府的建议和推动下，花村和其他几个村庄合作，成立了大棚蔬菜种植协会。如果遇到大棚蔬菜低价或滞销的状况，镇政府还帮助联系、协调、打通大棚蔬菜的销路。西村所在的镇政府积极治理西村生活污水及其他污染问题，动员农民清理河面垃圾，建议修订村规民约，使得西村的生态环境和旅游得以持续健康发展，西村取得了良好的生态效益与经济效益。港村所在的镇政府在尊重利用港村农民传统做法的同时，通过推广沼气池试验并与农民传统做法做比较，让农民逐渐接受并利用沼气池，港村也实现了生态效益和经济效益的双赢。

四　农村环境治理中的政府认同

政府认同是指人民基于政府对其需求的满足程度，对政府形成的一种积极评价，以及基于这种评价所做出的行为上的支持，并最终在情感上形成归属感。政府认同受到经济、政治、文化、社会、生态等因素的影响，它不是自发产生的，需要政府自身有所作为，针对人民的诉求做出回应。[①] 笔者在之前的一项研究中，发现随着地方政府的有所作为，汪村农民对地方政府的印象由消极和模糊变得积极和清晰起来。[②] 新近的调研表明，汪村所在的镇政府正在积极地扶持和帮助农民发展生态旅游业，提高农民收入，并动员农民一起积极参与预防和治理旅游过程中产生的污染问题。汪村农民对地方政府的认同感日渐加深。

在花村、西村及港村的环境治理过程中，农民对地方政府产生了认同感且日益加深。农民这种认同感的重要表现就是他们对地方政府的情感归属与行动追随，其背后有多种复合影响因素，包括地方政府在环

---

① 程正嵩：《改革开放以来中国政府认同变迁研究：基于国务院政府工作报告的文本分析》，《领导科学论坛》2021 年第 5 期。

② 张金俊：《集体记忆与农民的环境抗争：以安徽汪村为例》，《安徽师范大学学报》（人文社会科学版）2018 年第 1 期。

境治理中对乡村文化的尊重利用、治理与发展理念、有所作为的行为逻辑而不是机会主义、污染合理、不作为、不出事等行为逻辑，[①] 精准作为、不乱作为，以及地方政府及干部的形象建构等。事实上，在这几个村庄，已经出现了农民的政府认同现象。根据笔者的调研，农民的这种政府认同大致包括四个向度：对地方政府在环境治理中尊重利用乡村文化的认同，对地方政府统筹环境治理与乡村发展的认同，对地方政府领导干部的认同，以及对地方政府持续推进环境治理的认同。

首先，地方政府在环境治理中尊重利用乡村文化，获得了农民的认同。花村、西村、港村所在的镇政府在农村环境治理过程中，不是采取"一刀切"的单一治理方式，而是考虑到各个村庄的文化和现实情况。这是他们精细调研、尊重利用乡村文化和科学决策的重要体现。花村所在的镇政府的镇长告诉笔者，"在现代农村环境治理中，与其说农村文化遭遇了技术与管理的挑战，倒不如说技术与管理在一定程度上顺应了农村文化，走进了农民的心坎里。只有这样，农民才会真心配合和参与治理他们村庄的环境问题，农村环境治理才会有真正的、可持续的成效"（访谈资料：HC021）。西村的村委会主任说，"村庄污染不太严重时，可以通过村规民约保护生态，治理污染问题。但是，当污染严重时，农民自己解决不了，就需要政府出面了。政府尊重他们的村规民约，建议和指导他们修改村规民约，真心实意从各方面帮助他们解决污染问题"（访谈资料：XC002）。笔者在调研中发现，这几个村庄的农民基本上都非常认同地方政府的这种做法。

其次，地方政府在环境治理中统筹了环境治理与乡村发展，获得了农民的认同。环境治理不是单纯的环境保护，需要妥善解决企业转型和再就业问题，[②] 还需考虑到治理过程中包括农民生计在内的乡村发展等

① 张金俊：《我国农民环境利益表达的社会学研究》，北京：中国社会科学出版社，2021年，第111～122页。

② 陈涛、李鸿香：《环境治理的系统性分析：基于华东仁村治理实践的经验研究》，《东南大学学报》（哲学社会科学版）2020年第2期。

问题。花村、西村、港村所在的镇政府在农村环境治理过程中，基本上规避了“脱嵌式开发”[1] 这种基于纯粹的成本－收益考量的开发方式所带来的生态、社会与文化问题，把治理与发展较好地统筹起来。港村所在镇的一位副镇长说，“城乡环境整治行动这种运动式的治理方式在短时期内可能确实有一些效果，但不是一个长效的机制，只有把环境治理与农民生计、乡村发展综合起来考虑，才是长效的机制和做法”（访谈资料：GC019）。花村有些农民是守护村庄生态环境的中坚人物，曾带领其他村民采取过一些环境保护行动。他们过去经济条件都很一般，发展了大棚蔬菜种植以后，家庭经济收入明显提高。他们非常认同地方政府的这种治理与发展相结合的理念，守护村庄生态环境的意志也更为坚定了。

再次，在环境治理的过程中，这几个村庄的农民对地方政府的领导干部产生了认同感。花村不少农民回忆起镇政府的干部几乎每年都和他们一起，挥汗如雨地“一锄头、一锄头”把残留的薄膜“挖出来”“捡起来”的过程。他们说政府的干部不是外人，是自己家里人。镇政府干部的这种形象建构是有形的，也是无形的。“敬”的记忆已经深深地印在花村农民心中，他们说也会将这种记忆继续传承下去。西村的一些农民自从经营了民宿以后，经济收入水平大大提高。他们积极响应地方政府的号召安装隔油池，收拾好一次性塑料制品，还劝说家人听“自家政府领导”的话，遵守村规民约，并利用空闲时间和家人一起参与清理河道行动。港村一些农民的养猪数量从几头到几十头以后，虽然收入增加了不少，但自觉污染问题比较严重。自从镇政府帮助建了沼气池以后，污染问题明显减轻了。他们认为，当他们有困难、有需要的时候，政府的干部就像家里人一样，陪伴在他们身边，他们感觉很温暖。

---

① 耿言虎：《脱嵌式开发：农村环境问题的一个解释框架》，《南京农业大学学报》（社会科学版）2017 年第 3 期。

最后，是这几个村庄的农民对地方政府持续推进环境治理的认同。农村环境治理是一个连续的、长期的过程，因为在乡村发展的过程中，环境问题会不断出现或重现，如果缺乏长效的治理机制，甚至会演变成复合型的环境问题，大大增加治理的难度。西村所在的镇党委书记说，“农村环境治理是一项长期的任务，应当保持很好的制度性和延续性，不能因为领导的变更出现中断现象。农民们还是比较愿意配合地方政府持续地进行环境治理的”（访谈资料：XC020）。西村的一些农民认为，如果政府的环境治理不连续，他们村庄的生态旅游就有可能不可持续。花村的有些农民说，大棚蔬菜种植很容易产生各种各样的污染问题，如果没有政府每年的扶持和帮助，单靠他们自己去应对，很难达到“生态、干净、环保”的目标。在港村，除了养猪的农民非常支持地方政府继续推进环境治理以外，还有一个比较有意蕴的现象，就是有些农民原来并不养猪，怕自己不会养、养不好，也怕污染自家院子和村庄的生态环境。自从镇政府帮助建了沼气池以后，他们也开始养几头猪，后来甚至发展到养十几头猪了。因为他们相信有政府在身边，他们能养好猪，也能和政府一起处理好可能出现的污染问题。

上述花村、西村、港村以及汪村的案例表明，农民的政府认同现象已经在这些村庄出现。这种政府认同不同于政府信任，政府信任强调的是人民对政府的评价，而政府认同则突出情感上的归属和行为上的支持，政府信任是政府认同形成过程中的一个阶段。[①] 笔者在十几年的农村实地调研中发现，在农民的心目中，地方政府往往就是党和国家的代表和象征，他们对地方政府的认同，也就意味着他们对党和国家的认同。国家扶持和帮助农民，立国为家，而农民也会由响应国家到热爱国家，化家为国，[②] 国家与农民的关系在农村环境治理中呈现“家国一

① 程正嵩：《改革开放以来中国政府认同变迁研究：基于国务院政府工作报告的文本分析》，《领导科学论坛》2021年第5期。

② 周飞舟：《从脱贫攻坚到乡村振兴：迈向“家国一体”的国家与农民关系》，《社会学研究》2021年第6期。

体”的关系，这对长效推进农村环境治理具有重要的实践价值和政策意涵。

五 结语与讨论

本文基于结构与文化结合的视角，主要结合花村、西村及港村的实地调研资料，分析了乡村文化与农民自发的环境治理及其局限，以及政府主导的环境治理与乡村发展的关系，探讨了农村环境治理过程中农民的政府认同现象。比照之前结构或文化取向的研究，本文在承续的基础上向前迈进了一步，而且，还与以往的若干农村环境治理研究展开了学术对话，并积极呼应了“家国一体”的国家与农民关系研究，但似乎仍存在“事”“理”皆未讲清述透的不足和缺憾。

农村环境治理是一项长期的、复杂的、系统的工程，以乡村文化去推动只是一种治理路径，离开了政府主导，这种治理路径面临种种难题；而政府主导如果是“一刀切”或“刮骨疗毒”[①] 的治理方式，也会遭遇诸多困境。政府主导与政府对乡村文化的尊重利用，或是我国农村环境治理的未来走向。在这个过程中，地方政府妥善处理好环境治理与乡村发展的关系，才是真正的环境善治，农民的政府认同现象才会出现，国家与农民的关系才会呈现“家国一体”。

当然，我国的乡村地理区域广阔且类型多样，村庄之间存在着文化保存、经济社会发展、环境治理类型等方面的种种差异；而且，在现代化、城镇化的发展进程中，现代性文化逐渐占据主导地位，乡村文化渐渐被边缘化，面临着消失和被遗忘的危机。因而，重新发现乡村文化的价值在当下显得格外重要。[②] 习近平总书记在云南考察工作时的讲话指出，“新农村建设要注意乡土味道，保留乡村风貌，留得住青山绿

① 陈涛、李鸿香：《环境治理的系统性分析：基于华东仁村治理实践的经验研究》，《东南大学学报》（哲学社会科学版）2020 年第 2 期。

② 陆益龙：《乡村文化的再发现》，《中国人民大学学报》2020 年第 4 期。

水，记得住乡愁”[①]。

在乡村振兴战略下，如何尊重利用、重新发现乡村文化的价值去推进环境治理，甚或融合嵌入型和内生型乡村文化从而培育出新型农村环境治理文化，如何处理好环境治理与乡村发展的关系，如何真正地做到环境善治，是摆在地方政府领导面前的一个重要课题。而从社会学视角出发开展研究工作，我们则需要将结构分析中的政府、市场及社会维度与文化分析中的乡村文化维度引入进来，实现结构分析与文化分析的相互交融，这或是今后更好地研究我国农村环境治理问题的一种学术进路。

---

① 中共中央文献研究室编《习近平关于社会主义生态文明建设论述摘编》，北京：中央文献出版社，2017年，第61页。

社会信任与农村居民环境参与行为

——兼议社区归属感的中介效应*

龚文娟　杨　康**

摘　要： 作为实现乡村振兴关键步骤的农村生态环境和人居环境治理，高度依赖农村居民环境参与行为的提升。为了探析农村居民日常实践中的环境参与行为及其形成机制，本文尝试提出“社会信任－社区归属感－环境参与行为”解释框架，并利用在福建省长汀县开展的调查数据进行实证检验。研究发现：其一，农村居民在日常生活实践中更多地参与同自身利益直接相关的环境行为；其二，农村居民对乡贤能人信任与制度信任水平越高，其环境参与行为越积极；其三，社区归属感在农村居民社会信任与环境参与行为的关系中发挥部分正向中介作用。本文认为社区归属感的培养以及环境参与行为的社会空间与精神空间的塑造，对于激发农村居民参与农村生态环境治理的积极性具有重要意义。

关键词： 农村居民　社会信任　环境参与行为　社区归属感

* 本文为国家社会科学基金一般项目“乡村生态环境协同治理效应评价与机制创新研究”（项目编号：19BSH082）的阶段性成果。

** 龚文娟，厦门大学社会与人类学院副教授，研究方向为环境社会治理；杨康，厦门大学党委统战部科员。

一 引言

乡村振兴作为国家发展的重要战略，为新时代中国解决"三农"问题提供了方向性指引，做好农村生态环境治理工作是实现乡村振兴战略的第一步。《农村人居环境整治三年行动方案》①、《国家乡村振兴战略规划（2018－2022年）》② 等相关文件对农村环境治理提出了具体的要求。2021年2月，《中共中央 国务院关于全面推进乡村振兴加快农业农村现代化的意见》③ 指出，到2025年，农业农村现代化取得重要进展，农村生态环境得到明显改善，对全面推进乡村振兴，推动农村人居环境改善和绿色发展提出了新的要求。2021年4月，《中华人民共和国乡村振兴促进法》④ 正式出台，不仅将生态文明建设和生态宜居纳入乡村振兴建设的要求，同时明确了建立包含社会协同、公众参与的现代乡村社会治理体制，为农户参与农村生态环境协同治理提供了法律支撑。

农村居民作为农村环境协同治理的主要实践者和受益群体，其环境参与行为是农村环境治理能否取得良好效果的重要基础。在中国，农村居民环境参与行为还有其特殊的制度背景和文化情境：首先，在制度设置方面，农村环境治理及居民环境参与在新中国成立后很长一段时间内处于被忽视的状态，政策供给和法律法规支持相对欠缺；其次，"熟人社会"的农村社区中存在的乡俗民约，通过个人对声誉的关注，

---

① 《中共中央办公厅 国务院办公厅印发〈农村人居环境整治三年行动方案〉》，中华人民共和国中央人民政府官网，http://www.gov.cn/gongbao/content/2018/content_5266237.htm，最后访问日期：2022年7月25日。

② 《中共中央 国务院印发〈乡村振兴战略规划（2018－2022年）〉》，中华人民共和国中央人民政府官网，http://www.gov.cn/zhengce/2018-09/26/content_5325534.htm，最后访问日期：2022年7月25日。

③ 《中共中央 国务院关于全面推进乡村振兴加快农业农村现代化的意见》，中华人民共和国农业农村部官网，http://www.moa.gov.cn/xw/zwdt/202102/t20210221_6361863.htm，最后访问日期：2022年7月25日。

④ 《中华人民共和国乡村振兴促进法》，中国人大网，http://www.npc.gov.cn/npc/c30834/202104/8777a961929c4757935ed2826ba967fd.shtml，最后访问日期：2022年7月25日。

规制其环境行为;[①] 最后，随着城市化推进和村庄外出务工人员增加，村落中社会关系改变，人们的交往范围和生活方式变化，均对农村居民参与农村社区治理和环境保护产生影响。研究表明，社会资本、地方知识、声誉诉求、信任、群体认同等社会因素，在农村环境治理过程中愈加凸显其重要性。[②③④⑤]

相较自上而下的管制型乡村环境治理，自下而上的参与型乡村环境治理在构建可持续乡村生态环境治理体系方面，更具实践意义。因此，如何结合地方特征，激励和引导农村居民在日常生活实践中，自主开展环境参与行为，构建依靠内在动力运行的农村治理体系，成为学界讨论的重要议题。[⑥⑦] 本文尝试提出“社会信任－社区归属感－环境参与行为”解释框架，探析农村居民日常环境参与行为的影响因素和作用机制，并以在福建省长汀县开展的调查为例进行实证检验。

二　文献综述与分析框架

（一）文献综述与研究假设

1. 社会信任

社会学对信任的研究始于齐美尔对交换行为的研究，他认为离开

① 徐志刚、张炯、仇焕广：《声誉诉求对农户亲环境行为的影响研究——以家禽养殖户污染物处理方式选择为例》，《中国人口·资源与环境》2016 年第 10 期。

② 何可、张俊飚、张露、吴雪莲：《人际信任、制度信任与农民环境治理参与意愿——以农业废弃物资源化为例》，《管理世界》2015 年第 5 期。

③ 颜廷武、何可、张俊飚：《社会资本对农民环保投资意愿的影响分析——来自湖北农村农业废弃物资源化的实证研究》，《中国人口·资源与环境》2016 年第 1 期。

④ 唐林、罗小锋、张俊飚：《社会监督、群体认同与农户生活垃圾集中处理行为：基于面子观念的中介和调节作用》，《中国农村观察》2019 年第 2 期。

⑤ 唐国建、王辰光：《回归生活：农村环境整治中村民主体性参与的实现路径——以陕西省 Z 镇 5 个村庄为例》，《南京工业大学学报》（社会科学版）2019 年第 2 期。

⑥ 史恒通、睢党臣、徐涛、赵敏娟：《生态价值认知对农民流域生态治理参与意愿的影响——以陕西省渭河流域为例》，《中国农村观察》2017 年第 2 期。

⑦ 龚丽兰、郑永君：《培育“新乡贤”：乡村振兴内生主体基础的构建机制》，《中国农村观察》2019 年第 6 期。

了人们之间的一般性信任，社会自身将变成一盘散沙，因为几乎很少有什么关系不是建立在对他人确定的认知上。[①] 信任作为一种信念，体现了个体在互动过程中对他人和社会所表现出的一种期待。[②] 在巴伯看来，个体对社会和他人存在信任就是其对社会的发展和他人的行为存在确定的预测，而社会和他人也基本确实按照这一预期行动。[③] 对于信任产生的条件，福山的理解是，信任可以在一个行为符合规范、富有诚信且有合作意愿的社会群体中诞生，信任的产生依靠人们共同遵守社会的整体规则，以及社会群体各个成员对社会的责任感、归属感的提高。[④]

学者们根据信任程度以及信任主体的不同，对社会信任进行了分类（见表1）。普特南、福山等人将社会信任划分为普遍信任和特殊信任。特殊信任一般建立在宗族和亲情关系上，普遍信任则没有固定对象。[⑤] 卢曼将社会信任区分为人际信任与制度信任。人际信任基于人际关系建立，制度信任则基于契约、规范而形成。[⑥] 吉登斯依据其后现代性思想，将社会信任划分为人格信任和系统信任。[⑦]

信任对于人类社会发展的重要性毋庸置疑。人们通过建立对社会系统的信任和依赖，来克服不确定性带来的风险。[⑧] 信任有助于显著提升公众的主观幸福感，由一种对客观世界的认知而产生的主观感受往

---

① 齐美尔：《货币哲学》，陈戎女、耿开君、文聘元译，北京：华夏出版社，2018年。
② 尼克拉斯·卢曼：《信任》，瞿铁鹏译，上海：上海世纪出版集团，2005年。
③ 伯纳德·巴伯：《信任的逻辑和局限》，牟斌、李红、范瑞平译，福州：福建人民出版社，1989年。
④ 弗朗西斯·福山：《信任：社会美德与创造经济繁荣》，彭志华译，海口：海南出版社，2001年。
⑤ 杨柳：《社会信任、组织支持对农户参与农田灌溉系统治理绩效的影响研究》。博士学位论文，西北农林科技大学，2018年。
⑥ 尼克拉斯·卢曼：《信任》，瞿铁鹏译，上海：上海世纪出版集团，2005年。
⑦ 安东尼·吉登斯：《现代性与自我认同》，赵旭东、方文、王铭铭译，北京：生活·读书·新知三联书店，1998年。
⑧ 安东尼·吉登斯：《现代性的后果》，田禾译，南京：译林出版社，2000年。

往会推动社会行为的产生。① 信任既可能直接影响人们的行为，也可能借助其他要素，比如地方依恋、群体认同等主观类的认知和感受，对主体的行为产生影响。② 在农村环境治理过程中，要建立可持续治理模式，农村居民的社会信任是一个重要关切点。

表1　社会信任分类

信任类型	主要代表	主要特征
普遍信任	普特南、福山	一般无固定对象
特殊信任		一般建立于宗族、亲情关系上
人际信任	卢曼	一般基于人际关系建立
制度信任		一般基于契约、规范而形成
人格信任	吉登斯	对人的信任
系统信任		对符号系统和专家系统的信任

2. 环境参与行为

亲环境行为是公众在日常生活中表现出的对环境有利的行为，具体表现为积极参与环境保护活动，采用绿色的生活方式等。③④ 本研究将环境参与行为定义为农村居民在生产生活中开展的对环境保护、资源节约有益的行为以及在村庄环境治理过程中的参与行为。

影响居民环境参与行为的因素包括内外两方面。内部因素包括居民的行为控制、规则认知、参与意愿等。外部因素则主要与地方政治、经济、文化、社会环境、亲密关系、朋辈压力等因素关联。研究发现：

① Helliwell J. F.，"How's Life? Combining Individual and National Variables to Explain Subjective Well-being," *Economic Modelling*，Vol. 20，No. 2，2003，pp. 331 – 360.

② 王学婷、张俊飚、童庆蒙：《地方依恋有助于提高农户村庄环境治理参与意愿吗？——基于湖北省调查数据的分析》，《中国人口·资源与环境》2020年第4期。

③ Mykolas S. Poskus，"Investigating Pro-Environmental Behaviors of Lithuanian University Students," *Current Psychology*，Vol. 37，No. 1，2018，pp. 225 – 233.

④ 彭远春：《试论我国公众环境行为及其培养》，《中国地质大学学报》（社会科学版）2011年第5期。

公众的环境参与行为，存在性别、年龄等人口学方面的差异；[①] 居民对政府的信任、环境参与行为的动机、环境态度、环境责任感、环境价值观等对公众保护公共环境行为具有显著影响。[②③]

3. 社会信任与环境参与行为的关系

社会信任水平提高会直接带动公众参与社区事务的可能性提升，如采取更为友好的生活和耕作方式，或积极参与农村环境的合作治理。[④] 同时，社会信任的提升通过提高农村居民参与农村地区环境治理的意愿和积极性，转化为积极行动。[⑤] 农村地区的熟人社会特征明显，特殊信任基于宗族、亲情关系，有研究发现农村地区的特殊信任水平较高，普遍信任水平相对低于特殊信任。[⑥] 但特殊信任对象的局限性，导致其对农村居民行为的影响受到削弱和抵消[⑦]。普遍信任对农村居民的行为具有显著的正向影响，有利于社区治理。[⑧⑨] 当前中国农村地区，普遍信任与特殊信任都有可能对农村居民的环境参与行为产生影响。

制度信任的建立基于契约和规范，在农村地区具体表现为对村委会、各级政府及其工作人员的信任。制度信任通过确定的规则以及政府部门及人员的合法行为获取居民信任，因此往往更加稳定，为乡村法治

---

① 刘云霞：《人口统计学变量对环境保护公众参与意识的影响实证研究》，《环境保护科学》2016年第3期。

② Feng W. and Reisner A.，"Factors Influencing Private and Public Environmental Protection Behaviors: Results from a Survey of Residents in Shaanxi，China，" *Journal of Environmental Management*，Vol. 92，No. 3，2011，pp. 429 – 436.

③ Barr S.，"Factors Influencing Environmental Attitudes and Behaviors: A U. K. Case Study of Household Waste Management，" *Environment & Behavior*，Vol. 39，No. 4，2007，pp. 435 – 473.

④ 张诚：《社会资本视域下乡村环境合作治理的挑战与应对》，《管理学刊》2020年第2期。

⑤ 赵艺华、周宏：《社会信任、奖惩政策能促进农户参与农药包装废弃物回收吗?》，《干旱区资源与环境》2021年第4期。

⑥ 李周强：《村民参与村委会选举投票及其影响因素分析——主要基于乡村社会信任的视角》，《湖南农业大学学报》（社会科学版）2016年第6期。

⑦ 陈捷、卢春龙：《共通性社会资本与特定性社会资本——社会资本与中国的城市基层治理》，《社会学研究》2009年第6期。

⑧ 何可、张俊飚、张露、吴雪莲：《人际信任、制度信任与农民环境治理参与意愿——以农业废弃物资源化为例》，《管理世界》2015年第5期。

⑨ 杨柳、朱玉春、任洋：《社会资本、组织支持对农户参与小农水管护绩效的影响》，《中国人口·资源与环境》2018年第1期。

提供制度保障。制度信任对农村居民包括环境参与行为在内的社会参与行为具有显著的正向影响。[①②③]

在环境保护行为和环境风险沟通行为研究中，亦有学者发现社会信任的作用。龚文娟考察了系统信任与公众参与环境风险沟通行为的关系，指出公众对政府、市场、媒体/社团和专家等主体的信任程度存在差异，同时，公众对系统的信任影响其风险应对行为。[④] Bohr 发现社会信任水平的提升，可以促进公民提升环境和资源具有公共物品属性的认知。[⑤] 本文尝试基于一手调查数据，剖析农村居民不同维度的社会信任对其环境参与行为的影响，提出如下假设：

H1：农村居民的社会信任对其环境参与行为具有正向影响作用，即农村居民社会信任水平越高，其环境参与行为水平越高。

4. 社区归属感对环境参与行为的影响

社区归属感是社区居民对社区喜爱、依恋的程度。[⑥] 既往研究发现：社区归属感越高的农户，越会愿意且积极参与到社区环境治理当中。同时，农户参与行为的增加也会进一步增强其对社区的认同与关心。[⑦] 作为社区归属感重要维度的社区依恋，对农户的环境治理参与意

---

① 何可、张俊飚、张露、吴雪莲：《人际信任、制度信任与农民环境治理参与意愿——以农业废弃物资源化为例》，《管理世界》2015 年第 5 期。

② 蔡起华、朱玉春：《社会资本、收入差距对村庄集体行动的影响——以三省区农户参与小型农田水利设施维护为例》，《公共管理学报》2016 年第 4 期。

③ 杨柳、朱玉春：《社会信任、合作能力与农户参与小农水供给行为——基于黄河灌区五省数据的验证》，《中国人口・资源与环境》2016 年第 3 期。

④ 龚文娟：《环境风险沟通中的公众参与和系统信任》，《社会学研究》2016 年第 3 期。

⑤ Jeremiah Bohr, "Barriers to Environmental Sacrifice: The Interaction of Free Rider Fears with Education, Income, and Ideology," *Sociological Spectrum*, Vol. 34, No. 4, 2014, pp. 362 - 379.

⑥ 汪雁、风笑天、朱玲怡：《三峡外迁移民的社区归属感研究》，《上海社会科学院学术季刊》2001 年第 2 期。

⑦ 李芬妮、张俊飚、何可、畅华仪：《归属感对农户参与村域环境治理的影响分析——基于湖北省 1007 个农户调研数据》，《长江流域资源与环境》2020 年第 4 期。

愿也有正向影响作用。[①] 同样，在城市居民群体中，对社区的依恋能够促进社区居民对环境保护和社区环境治理给予更多关注，提供更多人力和物力支持。[②] 社区归属感作为一种个体对社区情感上的认同、喜爱甚至依恋，来自个体长时期在社区中与其他行动主体的互动以及建立起的紧密联系和情感纽带。因此，社区归属感与社会信任程度紧密关联，后者很可能会通过前者影响社区居民参与环境保护在内的诸多社区事务。因此，本文提出如下假设：

H2：社区归属感在社区居民社会信任与环境参与行为之间发挥正向中介作用。

（二）分析框架

1. 研究思路

农村居民的社会信任反映了他们对家人、其他村民、乡贤、村干部、各级政府等主体的信任状况。依据文献梳理，本文认为：一方面，村民对其他行动者积极的信任态度和情感体验，会促使其对环境参与行为取得的结果给予正面评价，趋向于将环境参与行为视为符合农村居民行为规范的行为，且在环境参与过程中能够充分理解各级政府的政策和规定，并利用同村居民、家人、乡贤和各级政府等各方社会资源参与环境保护；另一方面，正是因为具备了一定的社会信任，农村居民对所居住的社区产生亲密感和归属感。为了提升和维护居住社区的优良环境，居民积极评价所居住的农村社区中有关环境保护的规范。具备

① 王学婷、张俊飚、童庆蒙：《地方依恋有助于提高农户村庄环境治理参与意愿吗？——基于湖北省调查数据的分析》，《中国人口·资源与环境》2020年第4期。

② Kyle G. T., Absher J. D. and Graefe A. R., "The Moderating Role of Place Attachment on the Relationship Between Attitudes Toward Fees and Spending Preferences," *Lsureences*, Vol. 25, No. 1, 2003, pp. 33 - 50.

较强社区归属感的农村居民会正面期待自身环境参与行为是否符合社区规范，并愿意付诸实践，甚至会监督他人的参与行为。因此，本文提出“社会信任－社区归属感－环境参与行为”解释框架。

2. 分析策略

依据上述假设与思路，本文数据分析模型如下：

总效应模型：

$$Y = CX + e_1 \tag{1}$$

自变量对中介变量的影响模型：

$$M = aX + e_2 \tag{2}$$

中介效应模型：

$$Y = C'X + bM + \sum X + e_3 \tag{3}$$

其中，X 为自变量；Y 为因变量；C 为总效应，C'为直接效应；M 为社区归属感（中介变量）；a 为自变量对中介变量 M 的路径系数；b 是在控制了自变量 X 的影响后，中介变量 M 对因变量 Y 的效应；e_1、e_2、e_3为残差。

通过实地访谈、参与式观察等方法，笔者获取了翔实的田野资料，后文笔者将结合问卷调查数据和访谈资料进行分析。

三　数据与变量

（一）数据来源

本文数据来源为国家社会科学基金一般项目“乡村生态环境协同治理效应评价与机制创新研究”（项目编号：19BSH082）团队于2020年8月及2021年1月在福建省龙岩市长汀县开展的田野调查。数据形式包括问卷调查数据和访谈资料。选取长汀县及其下辖村庄作为田野点，主要是考虑到长汀县经历了长期的水土流失治理，并取得优秀的绿色经济发展成果。

问卷调查采取多阶段混合抽样方法，选取了福建省长汀县的村庄开展。第一步，以水土流失治理效果为标准，抽取了长汀县 3 个乡镇；第二步，每个乡镇随机抽取 1 ~2 个村庄；第三步，在每个村庄中随机抽取农户，每户调查 1 位村民。本次调查过程中，问卷采用现场填答的方式，共发放问卷 313 份，回收有效问卷 305 份，有效回收率为 97.44%。

围绕主题，团队还开展了实地走访、座谈会、深入访谈等活动，其中座谈和访谈对象包括镇政府负责人、村党支部书记、村委会成员等村干部、乡贤能人、合作社负责人、农村普通居民等，受访者均为长汀县本地人。

（二）变量设置

1. 因变量

本文因变量是农村居民的环境参与行为，指农村居民在生产生活中参与的对环境保护、资源节约有益的行为以及在村庄环境治理过程中的行为。本文通过 8 个题项测量农村居民的环境参与行为，分别是“我在农业生产中会注意控制农药化肥的使用量”、“我不会随意丢弃塑料膜等农业废弃物”、“我会将生产生活垃圾进行分类收集”、“我不会将家畜（鸡鸭、猪、羊等）粪便随意倾倒”、“我在生活中会注意节约用水用电”、“我会主动为改善村庄环境提出意见建议”、“我会主动参加社区组织的环境保护行动”和“我会为村庄环境改善提供资金、物品和劳动力支持”。利用李克特量表，每题答项为“完全不符合”至“完全符合”5 个等级，并赋值 1 分到 5 分。通过询问受访者环境参与行为与上述 8 个题项的符合程度，对其加总得到综合评分。

2. 自变量

本文自变量为社会信任。社会信任通过一定的对象和主体来实现，人们希望建立公平的互动与合作空间，社会信任在其中表现为各主体之间对彼此行为可预测性和稳定性的期待。[①] 本文将社会信任定义为农村居民对农村环境治理过程中不同参与主体的信任，参与主体涉及其他村民、亲人、乡贤、各级政府、企业、农业合作社等。本文通过 10 个题项测量社会信任，分别是"这个社会上绝大多数人是可以信任的"、"我的家人是可以信任的"、"我家的邻居是可以信任的"、"除邻居以外的同村村民是可以信任的"、"在村里的企业/合作社是可以信任的"、"村里的乡贤/能人是可以信任的"、"村委会干部是可以信任的"、"乡/镇政府是可以信任的"、"县政府是可以信任的"和"中央及省政府是可以信任的"。利用李克特量表，每题答项为"完全不符合"至"完全符合"5 个等级，并分别赋值 1 分到 5 分，加总得到"社会信任"变量，分值越高代表受访者社会信任度越高。

3. 中介变量

社区归属感作为展现居民对社区依恋程度的变量，指社区居民居住于本社区时，表现出对社区中的人、社会关系、文化的认同以及将自身视为社区社会关系的一部分所表现出的荣誉、热爱等情感。[②] 其评价标准已经比较成熟，本文通过 4 个题项测量农村居民的社区归属感，分别是"我在村庄有家的感觉"、"我喜欢我的村庄"、"我很自豪告诉别人我住在哪里"和"如果不得不搬走我会很不舍"。利用李克特量表，每题答项为"完全不符合"至"完全符合"5 个等级，并分别赋值 1 分到 5 分，加总得到"社区归属感"变量，分值越高代表受访者的社区归属感越强。

4. 控制变量

既往研究已经证实人口特征及社会经济地位变量对农户行为的影

---

① 史宇鹏、李新荣：《公共资源与社会信任：以义务教育为例》，《经济研究》2016 年第 5 期。

② 汪雁、风笑天、朱玲怡：《三峡外迁移民的社区归属感研究》，《上海社会科学院学术季刊》2001 年第 2 期。

响。[①] 因此，本文将人口学变量和社会经济地位变量设置为控制变量。其中人口学变量包括性别、年龄、受教育程度、户口所在地，社会经济地位变量包括职业、家庭年收入、家庭年支出、家庭存款、主观收入水平评价和主观生活水平评价。变量说明见表2。

表2 变量说明

变量		赋值	说明
人口学变量（控制变量）	性别	0=男；1=女	
	年龄	定距变量	
	受教育程度	0~7：0=未受过教育；1=小学；2=初中；3=中专；4=高中；5=大专；6=本科；7=研究生及以上	
	户口所在地	1. 本市城镇户口；2. 本市农业户口；3. 外地城镇户口；4. 外地农业户口	
社会经济地位变量（控制变量）	职业	1~15：1=机关/社团/事业单位领导；2=机关/社团/事业单位普通职员；3=企业管理人员；4=企业普通员工；5=私营企业主；6=军人/警察/武警；7=农林牧渔工作人员；8=务工人员；9=保姆/家庭服务人员；10=离退休人员；11=下岗/失业/待业人员；12=学生；13=家庭主妇；14=个体户；15=其他	
	家庭年收入	定距变量	
	家庭年支出	定距变量	
	家庭存款	定距变量	
	主观收入水平评价	1. 上等；2. 中上等；3. 中等；4. 中下等；5. 下等	赋值越大，主观收入水平评价越高
	主观生活水平评价	1. 富裕；2. 小康；3. 温饱；4. 贫困	赋值越大，主观生活水平评价越高

① 唐林、罗小锋、张俊飚：《社会监督、群体认同与农户生活垃圾集中处理行为：基于面子观念的中介和调节作用》，《中国农村观察》2019年第2期。

续表

变量		赋值	说明
环境参与行为（因变量）	8 个题项	1 分 = 完全不符合；2 分 = 不太符合；3 分 = 一般；4 分 = 比较符合；5 分 = 完全符合	分值越高，环境参与行为越活跃
社会信任（自变量）	10 个题项	1 分 = 完全不符合；2 分 = 不太符合；3 分 = 一般；4 分 = 比较符合；5 分 = 完全符合	分值越高，社会信任水平越高
社区归属感（中介变量）	4 个题项	1 分 = 完全不符合；2 分 = 不太符合；3 分 = 一般；4 分 = 比较符合；5 分 = 完全符合	分值越高，社区归属感越强

四　分析与发现

（一）农村居民环境参与行为

表 3 呈现了本研究中受访者的环境参与行为情况。从整体得分情况来看，受访者的环境参与行为得分均值为 31.91 分，最大值为 40 分，最小值为 23 分。总体而言，受访者的环境参与行为状况良好。

通过对环境参与行为不同维度的分析，本文发现，农村居民的环境参与行为存在差异。农业生产中的环境参与行为和节约用水用电行为的得分，显著高于村庄公共领域中环境参与行为的得分。注意生产中控制农药的使用、不会将家畜（鸡鸭、猪、羊等）粪便随意倾倒以及注意节约用水用电都符合受访者的切身利益。而主动参加社区组织的环保活动、为社区环境卫生改善提供资金、物品和劳动力支持以及主动为改善村庄环境提出意见建议等行动，相对而言需要投入更多时间精力，同时转换成现实利益的可能性相对较低，因此村民在村庄公共领域的环境参与行为得分相对偏低。这一发现与多轮 CGSS 调查的结果一致。

表 3 农村居民环境参与行为

单位：分

变量	最小值	最大值	均值	标准差
环境参与行为	23	40	31.91	2.946
我在农业生产中会注意控制农药化肥的使用量	1	5	4.02	0.693
我不会随意丢弃塑料膜等农业废弃物	2	5	4.37	0.564
我会将生产生活垃圾进行分类收集	1	5	3.40	0.841
我不会将家畜（鸡鸭、猪、羊等）粪便随意倾倒	1	5	4.33	0.680
我在生活中会注意节约用水用电	1	5	4.78	0.522
我会主动为改善村庄环境提出意见建议	1	5	3.30	0.865
我会主动参加社区组织的环境保护行动	1	5	3.82	0.747
我会为村庄环境改善提供资金、物品和劳动力支持	1	5	3.83	0.763

（二）农村居民社会信任状况

表4呈现了农村居民的社会信任情况。样本中农村居民的社会信任得分均值为40.08分，其中最小值为22分，最大值为50分。总体而言，受访者的社会信任水平较高。

表 4 农村居民社会信任状况

单位：分

变量	最小值	最大值	均值	标准差
社会信任	22	50	40.08	4.109
对社会绝大多数人的信任	1	5	3.78	0.708
对家人的信任	2	5	4.93	0.316
对邻居的信任	2	5	3.94	0.550
对除邻居外的同村村民的信任	1	5	3.38	0.659
对村庄企业/合作社的信任	1	5	3.41	0.579
对乡贤/能人的信任	1	5	3.60	0.610
对村委会干部的信任	1	5	3.89	0.747
对乡/镇政府的信任	1	5	4.07	0.785

续表

变量	最小值	最大值	均值	标准差
对县政府的信任	1	5	4.34	0.766
对中央及省政府的信任	1	5	4.74	0.599

通过对社会信任不同维度的分析，本文发现农村居民的社会信任针对不同对象存在差异。受访者人际信任水平基本上呈现随亲密程度的下降而下降的趋势，其对家人的信任得分均值显著高于对邻居及同村村民的信任，而其对除邻居外的同村村民的信任水平为3.38分，显著低于其他人际信任的维度。同时，可以发现受访者对各级政府的信任水平较高，这与过往研究关于村民对地方政府信任偏低的发现不一致，但符合政府信任呈差序分布的发现，即随着政府层级的提升，受访者的信任得分逐渐提高。长汀县是生态治理示范县，在这里，村民对各级政府的信任，在很大程度上提升了他们对环境治理规范的认可与执行。

在进行影响因素分析之前，本文先对农村居民的社会信任进行了因子分析（见表5）。通过对社会信任量表进行巴特利球形检验（$p < 0.001$）、KMO检验（0.807 > 0.700）以及信度分析（克朗巴哈系数 = 0.834 > 0.700），本次调查得到的结果适合进行因子分析。采用主成分法和最大方差法旋转后，一共抽取了三个公因子。其中第一个公因子包括“这个社会上绝大多数人是可以信任的”“我的家人是可以信任的”“我家的邻居是可以信任的”“除邻居以外的同村村民是可以信任的”，本文将其命名为“人际信任因子”；第二个公因子包括“在村里的企业/合作社是可以信任的”“村里的乡贤/能人是可以信任的”，本文将其命名为“能人信任因子”；第三个公因子包括“村委会干部是可以信任的”“乡/镇政府是可以信任的”“县政府是可以信任的”“中央及省政府是可以信任的”，本文将其命名为“制度信任因子”。三个公因子的累计方差贡献率为65.944%。

表 5 农村居民社会信任各维度因子分析

项目	人际信任因子	能人信任因子	制度信任因子
这个社会上绝大多数人是可以信任的	0.698	0.203	0.102
我的家人是可以信任的	0.615	-0.339	0.246
我家的邻居是可以信任的	0.773	0.153	0.107
除邻居以外的同村村民是可以信任的	0.662	0.392	0.159
在村里的企业/合作社是可以信任的	0.140	0.856	0.109
村里的乡贤/能人是可以信任的	0.195	0.647	0.376
村委会干部是可以信任的	0.226	0.386	0.666
乡/镇政府是可以信任的	0.093	0.187	0.857
县政府是可以信任的	0.143	0.120	0.881
中央及省政府是可以信任的	0.164	0.011	0.795
特征值	1.410	1.143	4.042
方差贡献率	14.099%	11.427%	40.418%

注：提取方法为主成分分析法。

（三）社会信任与环境参与行为关系

为了便于考察居民社会信任与环境参与行为的关系，本文将社会信任因子值转换为 1 分到 100 分的得分，[①] 将环境参与行为和因子分析得出的社会信任的三个维度分别作为因变量与自变量，纳入回归模型。同时依据研究设计，将中介变量社区归属感以及人口学变量、社会经济地位变量纳入模型中（见表 6）。本文对变量进行了共线性诊断，结果表明所有变量的方差膨胀因子（VIF）都小于 5，即不存在多重共线性问题。由表 6 模型 1 至模型 3，随着不同变量的加入，模型调整 R^2 逐渐提高。

模型 2 显示，能人信任与制度信任对环境参与行为的正向影响显

① 转换公式：转换后的因子值 =（因子值 + B）* A，其中 A = 99/（因子最大值 - 因子最小值），B =（1/A）- 因子最小值。该公式的使用参见边燕杰、李煜《中国城市家庭的社会网络资本》，《清华社会学评论》2000 年第 2 期。

著，即农村居民对乡贤能人和各级政府的信任程度越高，其环境参与行为越积极。人际信任对环境参与行为没有产生显著影响，可能的解释是人际信任考察的是村民对于与其有亲密关系或具有相同特征的村民群体的信任，而亲密关系群体在个体客观特征及主观认知上与受访村民差异较小，趋同化的主观体验对受访者的环境参与行为产生积极推动的作用有限。因此，假设H1得到部分验证。模型3中加入社区归属感变量后，能人信任和制度信任对环境参与行为的影响降低，社区归属感显著正向影响环境参与行为，说明信任对环境参与行为的作用部分通过社区归属感实现。

表6　农村居民环境参与行为影响因素线性回归结果

变量	模型1		模型2		模型3	
	系数	标准误	系数	标准误	系数	标准误
性别	-0.089*	0.044	-0.048	0.040	-0.029	0.039
年龄	0.006**	0.002	0.003	0.002	0.002	0.002
受教育程度	0.049*	0.023	0.037	0.021	0.028	0.021
户口所在地	-0.071	0.057	-0.039	0.052	-0.011	0.051
家庭年收入	0.242*	0.097	0.198*	0.089	0.166	0.086
人际信任			0.085	0.057	0.093	0.056
能人信任			0.289**	0.091	0.243**	0.089
制度信任			0.153***	0.039	0.125**	0.038
社区归属感					0.193***	0.045
N	305		305		305	
调整 R^2	0.052		0.215		0.262	
F 检验值	4.074		10.628		12.071	

* $p<0.05$，** $p<0.01$，*** $p<0.001$。

注：模型中的系数为标准回归系数。

村民A是其所在村的一位环卫工人，负责所在行政村4个自然村的环卫工作，其对村民和村干部的信任程度与评价较高。他认为近年来由于政府和村委会干部的积极作为，村容村貌发生了积极变化，他做保洁工作的收入增加了，村民对他的评价也很高。

> 你看这条沥青路，我每天都要扫的，不让路面上有垃圾和树叶，村里人出来走路看着就舒服了。大家开心，我也开心。路上他们都会主动跟我打招呼，说我扫得很干净。扫地也没什么技术要求，就是要慢慢来，你认真一点，什么路都能扫干净。这个沥青路是村里向县政府争取来的，花了很多钱的，打扫干净一点，我自己心里也舒坦。马路边墙上有壁画，每一户都有，他们院子里也都是很干净的，我要是大路没扫干净，自己都觉得不好意思（笑）。(202101CN02)

农村居民对村庄的归属感，以及对村委会干部、镇政府的信任，激发其对村庄治理规范/规则的认同，促进他们的环境参与行为。值得注意的是，农村居民的社会信任水平对其环境参与行为具有的影响在不同维度上存在差异，即制度信任与能人信任对环境参与行为具有显著的正向影响。这与过往研究的结论相吻合，即人际信任尤其是对亲人、朋友的特殊信任往往不能对农村居民的环境参与行为产生正向影响，甚至由于此类信任关系的封闭性与内向性而对农村居民的环境参与行为产生消极影响。

（四）社区归属感对村民社会信任与环境参与行为的中介作用

为了更细致地探究社会信任对环境参与行为的影响机制，本文使用简单中介模型 Bootstrap 检验方法对社区归属感进行了中介模型检验。将自变量社会信任、因变量环境参与行为、中介变量社区归属感纳入模型，样本量选择5000，在95%的置信区间下，结果如表7所示。检验结果表明，社会信任对农村居民的社区归属感具有显著的直接正向影响（上限 = 0.189，下限 = 0.450），效应值为0.319。而在控制社区归属感的影响后，农村居民的社会信任对其环境参与行为的直接正向影响仍显著（上限=0.250，下限=0.449），效应值为0.350。农村居民的社会信任通过社区归属感的中介路径对其环境参与行为也具有显著的间接正向作用（上限=0.029，下限=0.118），效应值为0.070。

表7 中介模型检验（N=283）

结果变量	预测变量	效应类型	效应值	标准误	上限	下限
环境参与行为	社会信任	直接效应	0.350	0.051	0.250	0.449
		间接效应	0.070	0.023	0.029	0.118
环境参与行为	社区归属感	直接效应	0.219	0.044	0.133	0.305
社区归属感	社会信任	直接效应	0.319	0.066	0.189	0.450

同时，本文发现社区归属感仅发挥了部分中介作用，农村居民的社会信任对其环境参与行为的影响还存在其他中介变量的作用，如人们的行为态度、主观规范、知觉行为控制通过影响个体的行为信念、规范信念而间接影响其实际行为。限于文章篇幅，本文未详细论述。社区归属感作为一种规范信念，可能与自我效能感、行动意愿等行为信念和控制信念一起在社会信任与农村居民环境参与行为的关系中发挥中介作用。因此，假设H2得到部分验证。

实地调查中获得的访谈资料也佐证了上述结论。村民B是N村的一位草莓种植户，其草莓大棚离村庄主干道以及河道都很近。除了照看草莓园的生意，村民B在空闲时间会主动参与河道与道路保洁工作。他认为N村发生大的改变，跟政府和村两委的积极作为有很大关系。

我们村以前是长汀远近闻名的穷村，外村姑娘都不愿意嫁到这里来。从我们村开始治理水土流失以后，从省里的领导到县里还有镇上的领导，包括我们村的书记，都给我们村的发展提供了很大帮助。所以我们村的人一直很支持村里的工作，以前建村委大楼，我们村民把自己家宅基地无偿捐了出来。后来村里建灌溉水渠，村民们也都是出了很大力的，大家都知道这是为了村子好的。最近几年我们村的环境啊、房子啊都弄得很好，每家每户生活也好，大家也都是希望村里环境好一点的。我这草莓园离村里的河跟马路都很近，村容村貌搞好了，来采摘的游客也多了，生意自然好。我们自己也很愿意把村里的环境搞好。（202101CN03）

社会信任作为一种受农村居民主客观条件约束的认知，对社区归属感具有正向影响，社区归属感又对农村居民的环境参与行为有显著的正向影响。这一结论证明了“社会信任 - 社区归属感 - 环境参与行为”影响机制的存在。这一机制的验证为今后开展农村环境治理工作，激发农村居民参与环境治理的积极性提供了理论支持，即可以通过提升农村居民的社会信任水平和社区归属感激发其环境参与行为的积极性。农村居民的自我效能感、获得感、幸福感等主观态度也是行为态度、主观规范与知觉行为控制等观念的具象化表现，未来研究应考虑纳入上述要素，拓展环境参与行为的影响机制分析。

五　结论与讨论

在全面推进乡村振兴背景下，激励和引导农村居民积极主动参与环境保护和治理，是未来环境政策需重视的面向。本文提出“社会信任 - 社区归属感 - 环境参与行为”解释框架，并利用福建省长汀县农村居民的调查数据以及访谈资料，检验了作为重要社会资本的社会信任对农村居民环境参与行为的影响。主要结论如下：第一，农村居民的社会信任中的能人信任与制度信任正向影响其环境参与行为，即能人信任与制度信任水平越高，农村居民的环境参与行为越积极；第二，社区归属感在农村居民社会信任与环境参与行为的关系中发挥部分正向中介作用。

20 世纪中叶，在马克思主义思想的影响下，面对法国社会快速城市化以及由此流行的消费主义，本着批判的精神，列斐伏尔提出了著名的"社会空间理论"。列斐伏尔认为空间是社会的产物，"空间既不是一个'主体'，也不是一个'客体'，空间是一个社会现实，是一组关系和形态"[①]。在列斐伏尔看来社会空间是"空间实践"、"空间表象"和"再现性空间"的三位一体。其中空间实践即对物质空间的生产与再生产，是实在的，可以被感知的；空间表象则与人类社会的生产关系以及生产关系下的秩序密切联系，是人们通过符号和概念构造出的空间，是使用者与社会环境联系的纽带，也塑造着人们的行动以及对空间的再生产；而再现性空间则是基于前两者而提出的，是空间实践、空间表象的辩证结合。[②] 苏贾在列斐伏尔的研究基础上，将空间划分为物质空间（对应空间实践）、精神空间（对应空间表象）和生活/社会空间（对应再现性空间）。[③] 农村生态环境治理，不单单是物质空间的改造，也是居民思维空间、精神空间的塑造，更是情感连接、社会关系的编织。在乡村环境治理的过程中，农村居民的环境参与行为受到村貌改造、庭院整治、社会信任、廉耻心/荣誉感、邻里监督与示范效应、地方习俗、社区归属感等多元因素的影响，而村民的环境参与行为直接影响乡村环境治理的效果。

本研究在农村居民的个体情感连接和社会关系层面为实现农村环境有效治理提供了新启示。乡村振兴与农村环境治理不仅是对农村社区自然环境、人居环境的改造，也是对农村当前社会关系变化的思考，以及对农村居民社会认知的充分了解和改造提升。在政策设计层面，一方面要完善农村环境治理相关管理办法和物理空间；另一方面，需要依据与农村居民生活紧密相关的社会空间和认知空间，制定激励政策激发农户环境参与的积极性。具体做法可包括：其一，发挥以乡贤为代表的乡村能人的作用，通过带动村民提升创业创收能力的同时，凝聚村民

---

① Lefebvre H., *The Production of Space*, Oxford: Wiley-Blackwell, 1991, p. 116.

② 刘少杰主编《西方空间社会学理论评析》，北京：中国人民大学出版社，2020 年。

③ 苏贾：《第三空间：去往洛杉矶和其他真实和想象的地方的旅程》，陆扬译，上海：上海教育出版社，2005 年。

对乡村能人的信任，提升其参与农村环境治理事务的意愿与能力；其二，通过规范各级政府及工作人员在环境治理中的行为，强化农村环境治理的政策、资金、技术支持，巩固村民对各级政府及工作人员的信任水平，提升其环境治理参与意愿；其三，通过邻里示范/监督、村邻“红黑榜”及“最美乡村人”等做法，激发村民的荣辱感及对农村社区的归属感和群体认同，提升农村居民参与农村环境治理的积极性。

唐宋以来奉贤海岸带的坍涨变化及农业生产活动响应*

吴俊范**

摘　要： 本文以水利建设和农业、盐业经济活动为中心，对唐宋以来奉贤海岸带的坍淤变化及人类活动响应机制进行了历时性的复原和分析，研究发现：气候冷暖、海平面升降、滩涂涨坍、河流通塞、农业及盐业兴衰这一系列自然及社会经济要素之间存在环环相扣的关联效应。唐宋时期气候温暖，海平面升高，也正是奉贤海岸带潮侵严重、海岸内坍的时期，人们建设坚固的海塘堰坝来阻挡咸潮的入侵，促进了海塘内淡水循环系统的完善与农业发展；海塘外由于缺少足量淡水和稳定的滩涂，农业难以开展，土地利用以盐场为主。明清时期气候转冷，奉贤海岸带进入淤涨期，滩涂农业逐渐占据上风，盐业则加速衰落。淤涨滩涂地带的农业种植结构，早期以种植棉花、杂粮、薯豆等耐旱耐碱作物为主，稻作区只在水土改良达到一定程度时才会形成。

---

* 基金项目：本文系 2020 年度国家社会科学基金重大项目“7～20 世纪长江三角洲海岸带环境变迁史料的搜集、整理与研究”（20&ZD231）的研究成果。

** 吴俊范，上海师范大学历史系教授，博士生导师，研究方向为中国历史地理、江南环境史。

关键词： 奉贤 海岸带 滩涂 海塘 土地利用

我国东部地区分布着漫长的平原海岸带，这类海岸主要由江河携带入海的泥沙在江海水文动力的共同作用下堆积而成。历史上，在气候变化、海平面升降等自然因素的影响下，平原海岸发生着或坍进或淤涨的变化，海岸带的河流水系及农业、盐业等人类经济活动也有其相应的响应模式。由于文献记载比较丰富，以往学界对辽东湾、渤海湾西岸、黄河三角洲、江苏海岸、长江三角洲、珠江三角洲等典型平原海岸带的自然演变过程，进行了深入细致的研究，[1] 但对于人类活动和社会经济如何适应和响应平原海岸地区的自然环境演变，尤其是海岸滩涂的坍淤变化，尚缺乏翔实的案例研究。目前所见，主要有鲍俊林对明清以来江苏海岸带的盐业发展与滩涂利用方式的复原。他试图以盐业经济活动为切入点，揭示历史时期江苏海岸的人地关系机制。[2] 本文则试图以水利建设和农盐业经济活动为中心，对历史时期坍淤变化较为典型的长江三角洲海岸带中段——奉贤滨海平原的人地机制进行深入考察。

一 奉贤海岸带的“坍进期”与“淤涨期”

对于历史上长江三角洲海岸线的坍涨变化以及滨海平原的塑造过程，学者从历史学、考古学、沉积学、地貌学等角度已有充分著述。[3]

---

① 详可参见《历史时期海岸的演变》，载邹逸麟、张修桂主编《中国历史自然地理》，北京：科学出版社，2018年。

② 鲍俊林：《15～20世纪江苏海岸盐作地理与人地关系变迁》，上海：复旦大学出版社，2016年。

③ 主要有杨怀仁、谢志仁《中国东部近20000年来的气候波动与海面升降运动》，《海洋湖沼》1984年第1期，第1～13页；严钦尚等《长江三角洲现代沉积研究》，上海：华东师范大学出版社，1987年；褚绍唐《关于长江三角洲的形成问题》，载华东师范大学地球科学学部地理科学学院编《立山河志究天地心：褚绍唐先生纪念文集》，北京：商务印书馆，2017年，第573～580页；张修桂《上海地区成陆过程概述》，《复旦学报》（社会科学版）1997年第1期，第79～85页。

全新世高海面鼎盛期（距今约6000年）之后，太湖东部平原主体在波动中向东海推进，在持续成陆过程中又发生多次海岸线的往复摆动。由于受气候变化、海平面升降、河口动力、潮流波浪等自然要素影响的空间差异，具体地段海岸线摆动的时间阶段和幅度又各有特点。

今奉贤地区滨海平原处于长江口至杭州湾岸线居中的位置，对于该段海岸线在历史时期的变化，前辈历史地理学者多有论述。[①] 根据谭其骧、张修桂、满志敏等的研究结论，自唐宋至明中期，奉贤海岸主要处于坍进状态，后期因海塘完善而绕塘摆动，但并无明显的滩涂外涨。[②] 明中后期，华亭、金山交界处的海塘被海水侵溃现象时有发生，海岸线经历过一段反复波动期。[③] 自清初一直到20世纪80年代，奉贤滨海进入不断向外淤涨的阶段，其证据就是康熙外土塘、雍正大石塘、光绪彭公塘、新中国人民塘等一系列大海塘相继被修筑，在空间上不断向东海推进，这表明奉贤滨海平原成陆的范围自清初以来持续扩大。[④]

---

① 地理学及历史地理学界对长江三角洲的形成过程及海岸线变迁有诸多专门研究。现代新编奉贤地区的地方志、地名志等，一般亦基于已有学术观点对历史时期该地区海岸线的变迁做了系统的梳理，如1987年版《奉贤县志》、周正仁主编《奉贤县地名资料汇编》、2011年版《柘林志》等。

② 综合前人研究，对历史上奉贤海岸线的变化情况勾勒如下：东晋以后，今奉贤以南、金山以东已经成陆的海岸线，开始由滩浒山、王盘山一线向内退缩；至南朝后期，海坍已达到大小金山一线；唐末五代时，杭州湾北岸线内坍趋势继续向东北部推移，位于金山以北的今奉贤地区早期形成的陆地大片沦为海洋。随着杭州湾口尖山嘴及南汇嘴的塑造成型，杭州湾北岸动力条件发生重大变化，处于两嘴之间的金山、奉贤岸段渐趋稳定，并在元末明初反坍为涨。明代又有小规模坍进。至清前期，奉贤岸段由旧海塘（里护塘及明成化年间维修的海塘）向海淤涨的趋势已十分明显，海岸进入淤涨期。以上观点，详可参见谭其骧《长水集》（下卷），北京：人民出版社，1987年；张修桂《上海地区成陆过程概述》，《复旦学报》（社会科学版）1997年第1期；满志敏《两宋时期海平面上升及其环境影响》，《灾害学》1988年第2期。

③ 据清末《华亭县乡土志》记载，明中后期华亭海塘及港口方面的两个重要现象值得注意，其一，明成化年间所复筑之土塘、崇祯年间所加筑之石塘，相继被海水侵溃；其二，柘林、漴缺在明嘉靖年间数次被倭寇登陆占据，塘外无护沙、寇便于出入，是地理上的原因，即该处位于顶冲点。海塘修而复浸，岸外护沙减少，说明海岸线小规模波动。见清末《华亭县乡土志》历史卷《兵事录》、地理卷《海》，载《上海府县旧志丛书·松江县卷下》，上海：上海古籍出版社，2011年，第1723、1741页。

④ 姚金祥主编《奉贤县志》卷13《海塘围垦志》，上海：上海人民出版社，1987年，第449~451页。

首先，历史上奉贤海岸带的坍进或淤涨，是受气候变化与海平面升降等宏观自然环境的影响。两千年来我国东部海面变化曲线显示，宋元温暖期时，我国东部海平面的确有明显上升。据历史文献记载，此时太湖平原普遍出现海水倒灌、湖泊扩张、出海河流壅塞等现象，上海地区海面上升幅度约为1.5米，曾发生海水内侵近三百里的情况。[①] 奉贤（时属华亭县）处在太湖平原前端，为潮侵之冲要地区，在高海面时期不仅不可能出现大规模的滩涂淤涨，已成陆的平原亦可能坍海，海塘被毁、咸潮侵灌内地的现象时有发生。另外，明清小冰期的前期也曾出现过渡性的海岸坍进现象。根据文焕然的研究，在明清小冰期气温下降的总趋势中，还叠加了次一级的增温波动，[②] 奉贤地区的海岸线对此也有所反映，即在明代出现相对的高海面以及比较频繁的潮患，造成海塘外的滩涂徘徊不前或时有坍塌。

其次，历代统一海塘的位置和修筑时间，也说明奉贤海岸线存在比较典型的坍进期和淤涨期。此种海塘必须是发挥大范围阻咸防潮作用的一线海塘。北宋皇祐年间，太湖平原东部第一条海塘应运而生，即吴及海塘，由华亭县令吴及主持修筑，其东北抵达当时的吴淞江出海口，西接海盐县界，东段海堤即今里护塘故址的前身，塘线经过今奉贤内的涵水庙、四团、奉城南门、褚家聚、周陆码头、柘林等地点。根据学者考证，此塘筑后，直至元中期以前未曾变动，始终屹立于海岸前线，发挥着捍御咸潮、护卫内地田舍的作用。元大德五年（1301年）其西南有局部塘段在潮灾中坍噬于海，人们遂在后退二里六十步的地方另筑新塘，但其余塘段仍接续使用。明成化八年（1472年）和清雍正十一年（1732年）又曾两度大修海塘，但海塘主体路线与原里护塘

① 杨怀仁、谢志仁：《中国东部近20000年来的气候波动与海面升降运动》，《海洋湖沼》1984年第1期，第10页。满志敏对于宋代温暖期东太湖地区河湖水系演变的历史文献进行了详细梳理，明确提出海平面上升是导致太湖平原水环境沼泽化、海岸线及海堤后退等的重要因素。参见满志敏《典型温暖期东太湖地区水环境变化》，《历史地理》（第30辑），上海：上海人民出版社，2014年，第1～9页。

② 文焕然：《近6000～7000年来中国气候冷暖变迁初探》，内部资料，打印本，1978年。

偏离不大。[①] 由此可见，自南宋直至清中期，吴及海塘（后混称为里护塘）一直在发挥作用，虽然塘体时被风潮所毁，甚至局部坍陷于海，但重修部分基本是在老塘体附近。这说明元明至清初这一时期，奉贤海岸带为典型的侵蚀岸类型，依赖统一海塘的护卫，岸线未发生大幅度的向内坍进，但较小幅度的坍涨摆动经常发生。清初以后，奉贤境内则不断修筑新的大型海塘，一道道新塘持续向东海推进，而且滨海农业区范围也不断扩张，则证明奉贤海岸在这一时期内属于淤涨岸。

二　坍进期的水系、农业与盐业

（一）入海河流阻断与水系内陆化

两宋时期华亭滨海平原的水利格局经历过曲折变化，其中最重要的问题是河流入海口的贯通与堰塞。对此问题，乾隆《华亭县志》“水利论”中有如是评述：“东南河港昔与海通，赖堰以御咸潮之入，故宋邱密移筑运港大堰，修复十八旧堰，其功甚伟。”[②] 此语虽简，但指出了华亭出海河流排水与咸潮入侵的内在矛盾，即出海河流的河口本该与海相通，以畅排内水、免除内涝，但又须修筑堰闸以防咸潮入侵；若潮侵频繁，即须广筑堰闸以阻断咸潮上溯通道。宋代东南沿海十八大堰的兴废反复，说明该时期海潮内侵的形势比较严峻。

在唐末五代时，华亭滨海即置有“堰海十八所”，以御咸潮往来，主要分布在今龙泉港以西的海盐、金山境内。北宋政和年间（1111 ~ 1118 年），提举常平官兴修水利，欲涸亭林湖为田，于是将沿海诸堰决

① 周正仁主编《奉贤县地名资料汇编》，奉贤县史志办公室内部资料，1994 年，第 539 ~ 543 页。

② 乾隆《华亭县志》卷 4《水利》，“水利论”，载《上海府县旧志丛书 · 松江县卷中》，上海：上海古籍出版社，2011 年，第 602 页。

开，以泄湖水。[①] 由于滨海地势高于内地，决堰后非但湖水不可泄，反而入海河口成为咸潮内侵的通道，内地排水愈加困难。两宋时期我国东部海平面曾有一个相对上升的过程，使得咸潮内侵的频率进一步增加。当时华亭南四乡（云间、仙山、白砂、胥浦）卤水竞入为害，常为斥卤之地，人民流徙他郡。[②] 咸水最远可上溯到苏州、湖州之境，对农业发展和社会经济造成严重损害。

南宋初年，滨海州县加紧修复原来的堤堰，只留下口阔潮急的新泾口未曾筑堰，以便于盐运交通。但由于新泾口阔三十余丈，自此口侵入的咸水水量巨大，后于宋乾道元年（1165年），治水官采纳两浙转运副使姜诜的意见，在新泾口修筑可根据海潮涨落启闭的闸门："宜浚通波大港，以为建瓴之势（此指顾会浦），又即张泾堰旁，增庳为高，筑月河，置闸其上，谨视水旱，以时启闭。"[③] 至宋乾道八年（1172年），又以新泾口潮势湍急，闸门不敷控制，于是在水势稍缓的运港处修筑堰坝，同时加固了以前的十八大堰，并在运港两旁筑塘岸四十七里有余，使诸堰与塘岸连接形成防潮的坚固壁垒。因此，后来广为人知的乾道里护塘，很可能是用塘岸接通十几条入海河流口门处的堰坝连贯而成，其所依据的主要是北宋初期形成的自然堤。

---

① 北宋中期，由于三吴地区排水不畅，水流出海散漫，治水者产生了开海口诸浦的思路。黄震在"代平江府回马裕斋催泄水书"中曾回顾唐宋以来三吴水利日渐淤堵的形势，涉及北宋水利家的治水方略向海口转移的思路转变："盖但知泄水，而海口既高，水非塘浦不可泄。故东坡尝请去吴江石塘，王觌尝奏开海口诸浦"，然而"朝廷皆疑不敢行"，因"开海口则反有风涛驾入之忧"。因此，在较长时间内，治水者仍将治水重点放在疏通圩田地区的塘浦上，但效果不理想。"浦闸尽废，尤甚前日，而海沙壅涨，又前日之所无"，故黄震认为良策应为"惟复古人之塘浦，驾水归海，可冀成功"。至北宋政和年间，终有决开华亭东南通海河口筑堰之举，出海水道由堵转为通。可见决堰以泄亭林湖之水，并非一时冲动行为。但由于内陆塘浦排水不畅，清水势弱，咸潮入侵严重，决堰通海又引起新的水利问题。参见正德《华亭县志》卷3《水上》，黄震"代平江府回马裕斋催泄水书"，载《上海府县旧志丛书·松江县卷上》，上海：上海古籍出版社，2011年，第102页。

② （宋）杨潜修：《绍熙云间志》卷上《税赋》，载《上海府县旧志丛书·松江县卷上》，上海：上海古籍出版社，2011年，第17页。

③ （宋）杨潜修：《绍熙云间志》卷下《记》，"华亭县浚河置闸碑"，载《上海府县旧志丛书·松江县卷上》，上海：上海古籍出版社，2011年，第64页。

重筑十八大堰以及里护塘的筑通，是当时潮灾严重及海岸线反复遭受潮冲的证明，不过这些举措也使得原来向东南海岸出海的诸多河口出口被堰断，海塘内水系基本与塘外分离。

在海塘内，诸河逐渐归入东江及吴淞江干河排泄入海。据南宋绍熙《绍熙云间志》载："今泖（三泖）西北抵山泾，南自泖桥出，东南至广陈，又东至当湖，又东至捍海塘而止。"[①] 三泖在《水经》中即有名，一向被认为是华亭东南著名的大陂泽，其连接华亭东南湖群之水，由海边的柘湖之口出海。但至南宋中期，由于捍海塘的修筑，三泖水道至海塘而断，转向东北经由吴淞江出海。这是塘内河湖之水不再直接出海的较早证据。

并不是所有出海河流都在宋代被堰断，尚存少数几个重要的河口以可启闭的闸门来控制，在内涝时可排水出海。根据《绍熙云间志》记载，张泾口的闸门尚且保留，张泾之闸一直到明中期仍在发挥作用[②]；冈身之东另有一通海河口——漴缺口，漴缺口也设有水闸，以控海潮。[③] 然而明中期由于抗倭需要，仅留的少数通海河口的水闸亦全部堰断，张泾口、漴缺口均是在这一时期被堵塞。原作为柘湖通海水口的小官浦，亦是以闸控制的出海河流之一，但在明正统年间以土塞之，闸遂废。[④] 也就是说，至明中叶，海塘内外形成了完全分离的水系，造成

① （宋）杨潜修：《绍熙云间志》卷中《水》，"三泖"，载《上海府县旧志丛书·松江县卷上》，上海：上海古籍出版社，2011年，第33页。

② （宋）杨潜修：《绍熙云间志》卷中《堰闸》，载《上海府县旧志丛书·松江县卷上》，上海：上海古籍出版社，2011年，第36页；另据正德《华亭县志》卷2《水下》，"治绩"，第110页所记，"自增筑海塘，筑堰皆废，今所存者，惟张泾一堰一闸，故时港名亦多改易，不可考矣"。

③ 正德《华亭县志》卷2《水上》，载《上海府县旧志丛书·松江县卷上》，上海：上海古籍出版社，2011年，第99页。原文为："徐浦塘，自旧运盐河分支，东行草荡间，历浦东场、漕泾市，至漴缺闸止。"由此可知，漴缺口应即沙港入海处，有闸控制水流。漴缺口信息，另可见光绪《重修奉贤县志》卷4《水利志》，"川港　奉贤水利纪略"，载《上海府县旧志丛书·松江县卷上》，上海：上海古籍出版社，2011年，第279页。

④ 光绪《重修华亭县志》卷首《图说》，"浦南水利图"，载《上海府县旧志丛书·松江县卷中》，上海：上海古籍出版社，2011年，第734页。

“奉贤濒海，而实无海口”的局面。[①]

这里有一个疑问：在潮侵较盛的宋代，海塘下为何不能普遍设置闸门，用人工控制的方式使内水能够外排出海，而免于把大部分出海河口堰断呢？主要是因为当时的海塘为土筑，在土塘身上多开闸门，湍急的潮流易对海塘造成破坏。乾隆时江南总督赵宏恩就曾对内外海塘之间开河开洞之事犹豫不决，说道：“（夹塘地区）石塘以外、厚筑之外护土塘以内，隙地原广，雨水颇多积注，寺臣俞兆岳欲石塘开洞三四个以消积水，前督臣范时绎、尹继善俱以恐伤塘身阻止。但现据百姓群吁疏泄，臣愚以为，积水不消，浸泡塘根，亦有干系，若开挖数洞，实恐有伤塘身。”[②] 最后他还是决定在石塘与土塘交界之处开砌石洞一个，引水以入石塘以内。宋代东南沿海尚未建成坚固的石塘，海塘为土筑，更不可能在土塘下多建闸门。元明之间也有治水者提出要多设置闸门，恢复古代东南排水的诸多出海河道，但事实上难以施行，道理也在于此。

明中期黄浦江完全形成后，[③] 奉贤海塘内的河流皆一端通黄浦江，一端止于大海塘。黄浦江潮为长江口上溯的淡潮，潮汐之水遍灌支河，为农业提供了灌溉水源。正如光绪《重修奉贤县志》所总结的：“奉邑多高原（指滨海平原地势稍高于内地），资申浦南流支渠以溉田，由来旧矣。”[④]

海塘外则为散乱的潮沟，由涨潮流冲刷而成，短小狭窄，变化无常。少数潮沟被施以人工改造为引潮水道，为盐场提取卤水所用。光绪《松江府续志》曾对钦公塘外潮沟的状态与功用有过精辟的概括，颇可代表古代奉贤海塘外盐场地区的水道性质：“南汇嘴港、杨家浜、清水

---

① （清）韩佩金等修、张文虎等纂《奉贤县志》卷4《水利志》，“川港”，据清光绪四年刊本影印本，台北：成文出版社，1970年，第6页。

② 乾隆《华亭县志》卷3《海塘》，“赵宏恩疏”，载《上海府县旧志丛书·松江县卷中》，上海：上海古籍出版社，2011年，第594页。

③ 褚绍唐等：《黄浦江的形成和变迁》，载华东师范大学地球科学学部地理科学学院编《立山河志，究天地心——褚绍唐先生纪念文集》，北京：商务印书馆，2017年，第639~648页。

④ 光绪《重修奉贤县志》卷1《疆域志》，“桥梁”，载《上海府县旧志丛书·奉贤县卷》，上海：上海古籍出版社，2009年，第239页。

泾、南水泾、烂泥泾、沈匾港，并东海，上水皆西入。然皆小水，仅通潮汐，利盐灶而已。顷年沙复淤涨，天时稍旱，潮汐辄涸，舟楫莫容矣。今护塘外沿海泾口自金狮小港迤东至沙港，并溢于海，久无可考。”① 海塘外滩涂虽受海潮冲激坍涨不定，但在小范围上总有一定数量的滩涂相对稳定，这类滩涂可用作盐业生产场地，人们利用潮沟上溯的咸水制卤煮盐。

（二）海塘以内的稻棉及杂粮种植区

“东南之田，所植惟稻。”② 江南以稻米为主粮，即便是滨海斥卤之地，在土壤脱盐淡化之后，种稻亦为农家首选。海塘的卫护使塘内土地受咸潮浸灌的概率大大降低，长期发育而成的塘浦泾浜水系为水稻种植提供了良好的水利条件。至明中期，随着黄浦江水系的最终形成，里护塘至黄浦江干流之间的大片土地普遍受到江水与淡潮的灌溉，除靠近海塘的高地多种植耐旱的棉花豆麦之外，水稻已经在塘内地区普遍种植。

黄浦江南岸的低地种稻条件最好，这里沟渠纵横，用黄浦江淡潮灌溉十分便利。明成化年间的进士、书法家张弼是华亭人，曾作《棹歌》描述家乡农业灌溉和稻作生产的情景，诗云：“司马桥西百曲流，舟行一曲一回头……潮来滚滚港水浊，潮退悠悠港水清；田家不问潮清浊，灌我青苗总有情。”其中提到的百曲就是黄浦江南岸的一条河流，通黄浦江，周围干支河道密布，良好的水利条件保障了稻米的丰收，正所谓“早禾有获晚禾丰，只为潮来曲水通”。③

---

① 光绪《松江府续志》卷6《山川志》，载《上海府县旧志丛书・松江府卷九》，上海：上海古籍出版社，2011年，第153页。

② 正德《华亭县志》卷2《水中》，“治策引宋景祐初范仲淹言东南水利论”，载《上海府县旧志丛书・松江县卷中》，上海：上海古籍出版社，2011年，第100页。

③ 乾隆《奉贤县志》卷10《艺文下》，“集诗”，载《上海府县旧志丛书・奉贤县卷》，上海：上海古籍出版社，2009年，第181页。《奉贤县志》编者在本诗原文后加了注文：“百曲，自金汇桥东流，南为车沟塘，入郭家塘；北为雪塔港，又北为卢沟、为庵港，并东入运盐河。港之曲折最多，因以为名。其上有曲水村。今奉贤地区有百曲村，在金汇港东，黄浦江东北转弯处以南。”由此可知，百曲在黄浦江南岸的位置及水网稠密的状况。

黄浦江南岸的萧塘镇，也是鱼米之乡的典范。根据清人张啬甫所作《计东记》，萧塘“高下俱膏腴，无不可植之物，大至木棉桑麻，小至果蔬瓜芋，所获倍他邑”。① 此处土肥水美，稻米自然已经遍植，其他杂粮果蔬点缀其间，着实一派美丽的江南田园风光。再如距萧塘镇不远的叶榭镇（今属松江区），也一直是著名的稻米产区。②

但靠近里护塘内侧的奉贤东部地区，则因近海斥卤，田土熟化较晚，较高的地势使得江潮不易通达，因此少有种稻，而主要种植棉花和杂粮。而且因其靠近海塘，潮灾毁塘事件时有发生，原来已熟化的土地可能因一场潮灾而复咸，这样的土地较难形成稳定的种稻条件。正如乾隆《奉贤县志》所云：“其农东乡地高仰，只宜花豆，种稻殊鲜。而西乡地洼，戽水差易，所获常丰。”③

明宋贤《奏请折漕疏略》将濒海不通潮汐的高地称为下乡，即不产米之区，换言之即是棉花杂粮区：“臣生长海隅，历知华亭县自大黄浦以东，越四五十里，其地濒海斥卤，潮汐不通。沟渠蟠曲，旱无所蓄，涝无所泄，一遇飓风，尤多叵测。以故种皆菽麦，半植木棉，禾稻十不得一。岁收不逮近浦熟区之三四，民劳实乃过之。而每岁漕米与上乡一体征收，毫无区别。”④ 这种棉花杂粮区通常是远离黄浦江、靠近海塘的地区，主要靠天降雨水储存淡水以供种植之用，根本不敷种稻所需。

至少在清中期之前，里护塘以内的奉贤东部地区，棉花得到广泛种植。乾隆《奉贤县志》卷2所列奉贤东部的市镇，其基础性商业多与棉花及棉布贸易有关，自然也离不开其周边乡村丰盛的棉花产量，这类

---

① 光绪《重修奉贤县志》卷18《遗迹志》，“宅第园林”，载《上海府县旧志丛书·奉贤县卷》，上海：上海古籍出版社，2009年，第442页。

② 民国《奉贤县志稿》册三之一《学校》，“附各校校史 邬桥乡张塘国民学校校史”，载《上海府县旧志丛书·奉贤县卷》，上海：上海古籍出版社，2009年，第556页。

③ 乾隆《奉贤县志》卷2《风俗》，载《上海府县旧志丛书·奉贤县卷》，上海：上海古籍出版社，2009年，第55页。

④ 光绪《重修奉贤县志》卷3《赋役志》，“折粮”，载《上海府县旧志丛书·奉贤县卷》，上海：上海古籍出版社，2009年，第260页。

市镇主要有：

> 庄家行（今庄行镇），距县治四十八里，四乡木棉布悉来贸易于此；益村坝，坝之遗迹不可考，跨金汇塘，木棉盛时，商舶纷集；刘家行，地产木棉，独胜他处，远方商人多舣舟采买焉；屠家桥，以屠氏世居其地而名，土宜花豆；金汇桥，在金汇塘东，居民五十余家，木棉收获时，市最繁盛。[①]

另外在靠近海塘的滨海地区，也存在一种棉稻兼种的小块区域。从明代修筑海塘的记录中看出，接近海口的漴缺附近就杂植禾黍麦豆："万历三年五月，大风败漴缺塘，潮乘其缺日两次，禾黍豆蔬立淹槁。"[②] 可见在土壤熟化早且淡潮可达的近塘地区（在塘内）可以种植水稻。根据当地农民的经验，可种稻的土地仍然保持一定的棉花种植量，以更好地保持地力，减少虫害，因此海塘地区分布着一定面积可棉可稻的田亩。乾隆年间上海农学家褚华所著《木棉谱》对滨海棉稻兼种的原理做过专门的注解：

> 凡高仰田可棉可稻者，种棉二年，翻稻一年，即草根溃烂，土气浮厚，虫螟不生。多不得过三年，过则生虫。三年而无力种稻者，收棉后周田作岸，浸水过冬，入春冰解，放水候干，耕锄如法可种，亦不生虫。[③]

这段话表明，在海隅之地，稻作是土壤熟化和淡水灌溉条件达到一

---

① 乾隆《奉贤县志》卷2《市镇》，载《上海府县旧志丛书·奉贤县卷》，上海：上海古籍出版社，2009年，第36～37页。

② 光绪《重修奉贤县志》卷4《水利志》，"海塘附"，载《上海府县旧志丛书·奉贤县卷》，上海：上海古籍出版社，2009年，第284页。

③ 光绪《重修奉贤县志》卷19《风土志》，"物产　附褚华《木棉谱》"，载《上海府县旧志丛书·奉贤县卷》，上海：上海古籍出版社，2009年，第453页。

定程度的结果，而种棉及杂粮则在较长时间内与种稻相伴随，并有助于水土条件进一步改善。

（三）海塘以外的盐业生产区

海塘外的滩涂受到咸潮浸灌，土壤含盐量高，为制卤煮盐提供了良好条件。南宋末年黄震曾视察华亭滨海盐场，记述了奉贤、金山一带滩涂的土壤含盐量较高、仅适合发展盐业的情况："况如某所经历下沙、青村、袁浦、浦东等场，三数百里无禾黍、菜蔬、井泉，所食惟卤水煮麦，不知人世生聚之乐，其苦尤甚，所宜痛恤。"[①] 他还观察到盐区亭场周围都是草荡，至多有少许麦地，但绝无水稻种植。[②] 元代淮浙沿海盐利极丰，比唐宋有很大增长，元延祐年间（1314～1320年）叶知本曾上疏朝廷不要无止境地提高盐额与盐价，要适可而止，让利于民，其奏疏曰："除淮盐一百万引外，臣只以浙盐言之，已收唐时三倍之利，比德宗时一岁租赋已有九百万定之多，至此亦可止矣。"[③] 以上资料说明，宋元时期包括青村、袁浦盐场在内的两浙盐区的滩涂条件及海水咸度是相当有利于制盐的。

明成化年间捍海塘重筑是一次较大的工程，但基本循着南宋里护塘原址，亦即明代盐业与农业的交界带仍以里护塘为界，据明正德《华亭县志》载，华亭县所属的浦东、袁浦、青村三场，"共有灶户一万八百九十五丁，柴薪荡一千五百四十七顷，额办盐三万一千零一引"。[④] 可见当时海塘外滩涂地带的盐场产能总体是比较稳定的。

---

① 正德《华亭县志》卷4《田赋下》，"黄震　请罢华亭分司状"，载《上海府县旧志丛书·松江县卷中》，上海：上海古籍出版社，2011年，第131页。

② 正德《华亭县志》卷4《田赋下》，"叶知本　陈减盐价"，载《上海府县旧志丛书·松江县卷中》，上海：上海古籍出版社，2011年，第134页。

③ 正德《华亭县志》卷4《田赋下》，"黄震　论复祖额在恤亭丁"，载《上海府县旧志丛书·松江县卷中》，上海：上海古籍出版社，2011年，第132页。

④ 正德《华亭县志》卷4《田赋下》，"盐课"，载《上海府县旧志丛书·松江县卷中》，上海：上海古籍出版社，2011年，第129页。

三　淤涨期的水系与农业

（一）滩涂筑圩与引淡

随着自然环境变化，至明中期，华亭海岸线的坍进期接近尾声，护塘外开始出现小幅度的外涨，农耕业也由塘内地区向塘外滩涂地带扩展。明正德《华亭县志》载："前志谓滨海之地，业渔者多于耕人。国朝以来赤卤化为良田，渔非耕类矣。"① 其中提到的渔盐之地向农地的转化，无疑是以大面积的淤涨滩涂为基础的。传统时期以农为本，虽然盐业一般是人们开拓滩涂地带的先锋产业，但农业从未在滨海滩涂的开发进程中缺席过。

滩涂农业开发对圩堤高度依赖，在外围新海塘筑成之前的零星农垦时期，沿海岸线布满大大小小为抵御咸潮而筑造的"民圩"，圩堤外以拒潮水，内以护田护宅，从圩内延伸出去的小河道起到排干沼泽的作用，与潮沟通常存在某种衔接关系。② 这种圩塘的规模通常不大，长度从1～2公里到20余公里不等，是土地业主为保护新垦土地和改良土壤而自发采取的一种防范措施。③ 据光绪《重修奉贤县志》记载，当时海塘外涨涂格局最大的是青村盐场属下的三、四、五团海滩，海岸线距场署已有10～20里不等。为保护已开发的农地和聚落，道光初年在雍正大海塘外围又筑了一道新的圩塘，原来不通海的河流也通到了塘外，淡水被引到滩涂之地，"（滩涂）渐次开垦，地属青沙，水性亦稍淡，近年来多种棉花、禾稻"④。

---

① 正德《华亭县志》卷3《风俗》，载《上海府县旧志丛书·松江县卷中》，上海：上海古籍出版社，2011年，第115页。

② 薛振东主编《南汇县志》第11编《水利》，上海：上海人民出版社，1992年，第233页。

③ 薛振东主编《南汇县志》第11编《水利》，上海：上海人民出版社，1992年，第234页。

④ 光绪《重修奉贤县志》卷4《水利志》，"海塘附"，载《上海府县旧志丛书·奉贤县卷》，上海：上海古籍出版社，2009年，第286页；卷19《风土志》，"物产"，载《上海府县旧志丛书·奉贤县卷》，上海：上海古籍出版社，2009年，第455页。

在滩涂地带的淡水河系尚未形成之前，如何解决农业灌溉用水是至关重要的问题。宅河（或称小池塘）是解决聚落淡水需求及小型灌溉用水的一种过渡性水体形态。我们在今天长三角地区的滨海村庄仍普遍可见宅河的遗迹，其一端为池塘状的水面，另一端却与外河有狭窄的水口（二三尺口径）相通，这主要是为了防御咸潮上涨时的入侵，水口狭窄，便于在潮侵时堵塞；同时宅河内储存的淡水（通常为天落雨水汇聚）也不易外流。它的功能类似于滨海农业聚落较为普遍开凿的水井。有了宅河保障蓄淡，生活饮用的淡水以及一部分灌溉用水问题得到解决。[①]

当滩涂农耕业发展到一定程度以及对淡水的需求增加，人们通过建造水洞的方式将海塘内的河流水系延伸出来。水洞建在海塘下，通过闸门启闭以控制水流，开闸时塘内淡水向外穿越海塘，流经滩涂区入海；飓风大潮时关闭闸门，咸水不得穿过水洞侵入内地。滩涂上较低洼的地带也会受到积水易涝的影响，塘内外水系贯通后，低洼滩涂的涝水连接干河，可将涝水向外排出，这也有利于发展农业。例如奉城东门钦公塘外的涝港，在彭公塘筑成以前，常受涝灾和潮患，无法开展农业生产，但“自圩塘筑成，钦公塘设置水洞后，乃无水患”，20世纪初已成为棉稻杂植的粮棉产区。[②]

（二）淤涨滩涂上的盐农并存

早期开垦滩涂农业的人中，部分是从灶户转业而来，他们在距离岸线渐远的、含盐量已降低的荡地开垦种植，以取近水楼台之利。文献中称这种地区称为“水乡”。明永乐五年（1407年）松江盐运分司崔富著《盐政一览》，称水乡柴价已改征为米，以贴补滨海灶丁代为煎盐，

---

① 吴俊范：《水乡聚落：太湖以东家园生态史研究》，载《上海浦东地区聚落形态与“宅河”关系的考察报告》，上海：上海古籍出版社，2016年，第259~283页。

② 民国《奉贤县志稿》册一之二《疆域》，“村镇”，载《上海府县旧志丛书·奉贤县卷》，上海：上海古籍出版社，2009年，第501页。

这说明当时老海塘以外有大片熟化的涂地已可种植水稻，[①] 进而也说明这一时期滩涂淤涨较快，除前缘咸度较高的滩涂用来产盐，内部成陆较早的滩涂则逐渐适合农业生产。实际上前文提到的明中期华亭县所属的浦东、袁浦、青村三场共有灶户 10895 丁，其中真正煎盐的有 7781 丁，其余 3114 丁为种粮的水乡灶户。[②] 可见滩涂淤涨区的盐业地位逐渐下降，而同时农业得到发展。

在较长一段时期内，海塘外淤涨滩涂上呈现盐农错杂分布的状态，淤涨较快滩涂的内层，农业种植区与盐场区并存，外层则以盐业为主；淤涨相对较慢的滩涂，则主要保持盐业生产。

（三）滩涂地带农业种植的层次

在格局较大、适合农业生产的滩涂地带，农作物结构又随着土壤熟化程度及水利条件的不同，呈现水稻、棉花、杂粮分布的圈层差异。水稻对土壤淡化和灌溉条件的要求都比较高，一般是在成陆较早的滩涂的内层率先种植。例如“十家村”，其外缘的滩涂淤涨较快，在道光年间该村距海已达十余里，由于这一带农业发展较快，聚落也相应增加，人们又修建了新的圩塘以保护田舍安全。光绪《重修奉贤县志》云“其半可种禾棉”，可见该处已成为海塘外少数可种植水稻的地区之一，当然棉花种植也占一定比例。此外，该处也已形成稠密的村落和市镇，“塘内外有居民五千余家”。[③] 有些淤涨较快的滩涂在没有完全形成种稻环境之前，一般种植品种齐全的棉花与杂粮，产量也比较高，如朱新村、民福店一带，自光绪二十八年（1902 年）彭公塘筑成后，新旧圩塘间约 12 里宽的夹塘地带，水患概率大为降低，被用来种植棉花、大

---

① 正德《华亭县志》卷 4《田赋下》，“盐课”，载《上海府县旧志丛书·松江县卷中》，上海：上海古籍出版社，2011 年，第 129 页。

② 正德《华亭县志》卷 4《田赋下》，“盐课”，载《上海府县旧志丛书·松江县卷中》，上海：上海古籍出版社，2011 年，第 129 页。

③ 光绪《重修奉贤县志》卷 20《杂志》，“遗事”，载《上海府县旧志丛书·奉贤县卷》，上海：上海古籍出版社，2009 年，第 479 页。

豆、番薯、花生等农作物。[①]

在涨出时间不够长、格局较小的滩涂地带，很难形成水稻种植的环境，只以杂粮种植为主，如晚清时期青村场二团外的滩涂，早期大多种植棉花、薯类、豆类等耐旱作物以改良土壤、培养地力。由于缺少淡水，水系尚未形成，有一部分滩涂遵循自然脱咸的模式，生长着大片芦苇柴草，或者为荒地。外围咸潮可达，仍然分布着盐场。[②]

（四）海水变淡促成的滩涂农业化

民国初期以来，奉贤里护塘外的滩涂开发加速转向农业化，盐业日渐式微。与之相应的是，滩涂地带的水系日臻完善，形成与内地相似的纵横交织的水网格局。这不仅是因为奉贤东部海岸受南汇嘴挑流作用的影响，泥沙沉积和滩涂淤涨的幅度较大，而且与明清以来长江主泓南偏带来的淡水量增加、海潮变淡有关。

晚清光宣年间，长江径流排出淡水的影响区已越过南汇嘴继续向西南扩张，奉贤的青村盐场滩涂淡化的后果开始显现。原属青村场三团的柴场镇，其附近的滩涂在清光绪以前尚可摊晒食盐，但“自长江改行南水道，青村场境海水受淡水影响，产盐日少，每年惟产芦柴”，至光绪二十八年（1902年），这一带滩涂普遍开始种植豆类和棉花。[③]1931年，政府计划将青村场裁撤并入袁浦场管理，其主要原因是青村场“出产方面，盐少于田”，用于农业的土地占绝大部分。[④] 1946年6月，农业部决定将原属袁浦、青村两场征收场课的荡田，改归地方政府

---

① 民国《奉贤县志稿》册三之一《学校》，“附各校校史　滨海乡民福辅导国民学校校史”，载《上海府县旧志丛书·奉贤县卷》，上海：上海古籍出版社，2009年，第567页。

② 光绪《重修奉贤县志》卷4《水利志》，“海塘附”，载《上海府县旧志丛书·奉贤县卷》，上海：上海古籍出版社，2009年，第286页；卷19《风土志》，“物产”，《上海府县旧志丛书·奉贤县卷》，上海：上海古籍出版社，2009年，第455页。

③ 民国《奉贤县志稿》册三之一《学校》，“附各校校史　四团镇柴场国民学校校史”，载《上海府县旧志丛书·奉贤县卷》，上海：上海古籍出版社，2009年，第570页。

④ 《裁并两浦、青村场境》，《申报》1931年2月22日，第10版。

征收田赋，因为这些滩涂地带大部分已废灶改种农作物。[①]

至20世纪50年代，奉贤东部的涨涂区基本转为棉、稻、杂粮兼作的农业区，盐业生产缩移到西南柘林一隅的潮冲区。成书于1987年的《奉贤县志》对20世纪中期以后的盐、农业产能的转换作如此概括："盐业向为本县一大产业，仅次于农业。但近数十年来，因自然、社会因素的影响，盐业生产逐年下降。滩涂不断延伸，海水淡化，使盐区裁废转产农业，青村场即属此例。近年来，随着农村经济结构的变化，特别是乡村工业的崛起，盐业产值在总产值中的比例不断下降。据1983年统计，盐业产值仅占奉贤盐场总产值的2.9%，致使盐区劳动力日渐转向工业。"[②] 至1985年，奉贤地区结束了产盐的历史，明清以来涨出的滩涂完全被开发为农业区。当然，城市化和工业化的影响也使最近半个多世纪的滩涂利用显示了现代性特征。

四 结语

本文以水系水利建设及农业、盐业经济活动为中心，对唐宋以来坍淤变化较为典型的奉贤海岸带的自然环境演变及人类活动响应机制进行了历时性的复原和分析，同时也希望以奉贤个案为基础，对我国东部海岸带地区滩涂变化的两种基本模式（坍进和淤涨）的交替转换过程及人地关系适应问题进行延伸性思考。研究有如下发现。

首先，气候冷暖、海平面升降、滩涂涨坍、河流通塞、农盐业兴衰这一系列自然及社会经济要素之间存在环环相扣的关联效应。唐宋时期气候温暖，海平面升高，也正是奉贤海岸带潮侵严重、海岸内坍的时期，人们建设坚固的海塘堰坝来阻挡咸潮的入侵，有助于促进海塘内淡水循环系统的完善与农业发展；但在塘外地区，由于淡水河流被海塘隔

① 民国《奉贤县志稿》册四之二《田赋》，"接征场境田赋"，载《上海府县旧志丛书·奉贤县卷》，上海：上海古籍出版社，2009年，第581页。

② 姚金祥主编《奉贤县志》卷11《盐业志》，上海：上海人民出版社，1987年，第394页。

绝，并且缺少大面积稳定的滩涂，农业难以发展，经济活动主要是以利用咸潮作为原料的盐业为主。明清时期气候转冷，奉贤海岸带进入淤涨期，随着淡水河流向海塘外延伸，滩涂农业逐渐占据上风，脱盐熟化的涂地很快被开发为农田；加之近海水质受长江主泓南偏而变淡的影响，盐业加速衰落，农业成为滩涂地带的主导产业。可见在滩涂淤涨的时期，农业和水利发展的优先性不利于传统盐业的生产。

由此又可进一步思考，何以古代文献中记载的长三角地区盐业生产的兴盛期一般是在宋元明时期，而清代中后期普遍出现盐场衰退的现象？可能气候变化、海平面升降等宏观自然因素与滨海盐业的兴衰具有十分密切的关系，这还需要进一步详细的个案研究。

其次，淤涨滩涂地带的农业种植结构随土壤熟化的先后和淡水条件的改善而呈现圈层分布。一般而言，早期以种植棉花、杂粮、薯类、豆类为主，当水土改良到一定程度后，开始种植水稻，因此海岸带稻作区一般分布在淤涨滩涂的内侧，耐旱耐碱的农作物分布在外围。从某一海岸带地区是否为稻作区，也可大致判断该地滩涂的稳定性及成陆历史的长短。随着新涂淤涨及新筑海塘逐步向海伸展，海岸带植稻区也逐步扩大。从奉贤、南汇、川沙等地的稻作区从塘内到塘外连片分布，与此同时棉花与杂粮区又呈现向海的分布趋势，也可看到成陆历史对农业种植结构的影响。

最后，结合其他海岸带地区的研究案例综合来看，清中期以来我国东部平原海岸的典型淤涨区，基本都经历了盐业衰微、农业拓展及工业化、城市化这一阶梯化进程。如江苏海岸带的两淮盐场，在清末民初经历了废灶兴垦，21世纪以来又成为国家经济开发的战略前沿地区；浙东海岸带的三北平原庵东盐区，在20世纪中叶开始全面废盐改农，21世纪以来又被规划为杭州湾新区建设的重点地带。[①] 本文所研究的奉贤

---

① 关于20世纪50年代三北淤涨平原前缘地带的经济开发情况及近代变迁史，杭州大学地理系周福多等进行了详细调查，参见杭州大学地理系经济地理调查小组《五洞闸人民公社经济地理》，《杭州大学学报》1959年第1期，第123~154页；亦可参见《慈溪盐政志》编纂委员会编《慈溪盐政志》，北京：中国展望出版社，1989年。

海岸带，在20世纪相继发生了盐区快速转化为农业区以及工业开发区的进程。尽管其背后的自然原因可能有所差异（如滩涂淤涨快、水质变淡、洋流变化），但近代以来农业资源的普遍扩张以及现代工业化的普及等，显然是重要的人文动力。尤其是随着现代科学技术和城市化快速发展，滨海农业区越来越多地被开发为城镇区、旅游区、工业区或港口区，人工围海造田以前所未有的速度发展，从而改变了滨海淤涨滩涂生态自然演化的传统路径。

人为开发与环境困局：清以降西双版纳热带雨林变迁的原因探析*

杜香玉**

摘　要：清以降，西双版纳热带雨林的变迁与国家政策、区域文化、生产生活方式、人口变化、物种更迭之间关系紧密。清及清以前，西双版纳热带雨林依托“竜林”信仰以及“刀耕火种”“狩猎采集”的生计方式，得到有序管理与持续保护。清末至民国时期，随着经济作物的规模引种和推广，林地中的大部分本土物种被新物种取代，外来移民的增加以及社会的无序化扩张加剧了热带雨林资源的消耗。20 世纪 50 年代以来，西双版纳热带雨林的破坏与保护并行。20 世纪 50～80 年代，毁林开荒、乱砍滥伐现象突出，橡胶大规模种植导致热带雨林生态系统严重失衡。20 世纪 80 年代以来，国家开展了一系列生态保护与修复工作。西双版纳热带雨林的变迁受近代化、现代化、全球化的影响，致使地方生态环境急剧变

* 基金项目：本文系 2021 年云南省哲学社会科学创新团队“西南边疆生态安全格局建设研究”（2021CX04）科研项目“云南生态安全屏障变迁及建设研究”及中国博士后科学基金第 69 批面上资助“新时代西南边疆生态安全屏障建设现代化研究”（2021M692731）的阶段性成果。

** 杜香玉，云南大学民族政治研究院政治学流动站博士后，助理研究员，研究方向为边疆生态安全、中国环境史、西南边疆灾害史。

迁，亟待重塑热带雨林生态文化，实现人与自然和谐共生。

关键词： 环境史　热带雨林　生态变迁　人为开发　西双版纳

西双版纳热带雨林是世界上保存最完整的高纬度、高海拔的热带雨林。作为陆生生态系统中生物物种最丰富的地区，其对于云南甚至中国乃至全球生物多样性保护发挥了重要作用。但随着近现代以来新物种的引入和推广，当地种植结构逐渐单一化，生物入侵灾害加剧。学界关于热带雨林的研究主要集中于自然科学领域，许多学者针对热带雨林所面临的危机以及保护措施进行了深入研究。研究涉及的学科主要包括生态学、生物学、环境科学、植物学等，一方面，集中于热带雨林的生物种群、群落与环境间相互关系的探讨；另一方面，主要侧重于热带雨林的片段化所带来的影响以及解决措施。人文社会科学领域有关热带雨林的研究集中在探讨热带雨林与人类活动之间的互动关系上。[①] 其中，人类学、民族学更关注历史时期人们如何利用和保护热带雨林所衍生的生态文化。[②] 史学界关于热带雨林的研究较少。[③] 从环境史视角出发，专门针对热带雨林在不同历史时期的生态变迁进行系统探讨的研究更是屈指可数。本文试图以近代以来西双版纳地区新物种的引入、推广为切入点，深入分析西双版纳热带雨林的生态变迁与国家政策、区域发展、民族文化之间的关系，探讨国家政策与边疆民族地区环境变化

① 如尹绍亭、深尾叶子编《雨林啊！胶林》，昆明：云南教育出版社，2003 年；周宗、胡绍云、谭应中《西双版纳大面积橡胶种植与生态环境影响》，《云南环境科学》2006 年第 25 期；鲍雅静、李政海、马云花、董玉瑛、宋国宝、王海梅《橡胶种植对纳板河流域热带雨林生态系统的影响》，《生态环境》2008 年第 2 期。

② 如许再富主编《西双版纳傣族热带雨林生态文化》，昆明：云南科技出版社，2011 年；许再富、段其武、杨云等《西双版纳傣族热带雨林生态文化及成因的探讨》，《广西植物》2010 年第 2 期。

③ 徐晓望：《商品经济与明清以来福建自然环境的变更》，《中国历史地理论丛》2000 年第 3 期；胡胜华、宋鄂平、于吉涛、常旭、曾克峰《海南的雨林组成与人类干扰的历史》《湖北民族学院学报》2005 年第 4 期。

之间的互动关系，以期推动西南边疆环境史研究的发展。

一　有序管理与人林共生：清代西双版纳热带雨林的持续保护

清及清以前，西双版纳地区热带雨林资源丰富，森林中瘴气弥漫，大部分地区处于较为封闭的状态，开发较少，交通不便。从北魏郦道元在《水经注》中描述的“所谓木邦、车里之间山多瘴疠，即此处欤”[①]，直至清代光绪年间《普洱府志稿》中记载的“东自等角、南自思茅以外为猛地及车里、江坝所在，隔里不同，炎热尤甚，瘴疠时侵，山岚五色，朝露午晞触之则疟，重则不救，所谓天地之大，若有憾殆，未可与中土例论者欤”[②]，可以看出，瘴气作为一种自然现象一直存在。这反映了一个地区的原生态性。周琼认为瘴气存在的生态环境多为原始自然环境，开发较少、地形封闭、气候炎热潮湿、生物种类繁多、生物生存繁衍迅速。[③] 因此，直至清代，西双版纳热带雨林地区仍未得到大规模开发，相较云南其他地区处于较为封闭的状态。这也反映了西双版纳热带雨林地区生态环境良好、生物种类丰富，而当地民众也一直延续刀耕火种、狩猎采集的生产生活方式，保持着敬畏自然、保护自然、合理利用自然资源的雨林生态观念，形成了一套具有本土性知识体系的热带雨林生态文化。

（一）基于“竜林”信仰的森林管理方式

清代时，西双版纳属于宣慰使封邑，全部山林土地归属宣慰使所

① （清）陆宗海修、陈度等纂（光绪）《普洱府志稿》，光绪二十六年（1900年）刻本，第4页。

② （清）陆宗海修、陈度等纂（光绪）《普洱府志稿》，光绪二十六年（1900年）刻本，第3页。

③ 周琼：《清代云南瘴气与生态变迁研究》，北京：中国社会科学出版社，2007年，第95页。

有，村社成员只享有土地使用权，各个村寨之间有传统的山林土地界线。在本村社界内，水源林、风景林、防护林与“竜山”“神山”“坟山”皆为禁伐区，任何人不得随意砍伐；有些地区实行氏族或村社集体开垦，分户种植，谁种谁收，如基诺族的山林土地在向土司缴税的前提下属于全寨共有，谁开谁种，寨与寨之间的地界插上削尖的竹签，以示互不侵犯。[①]

西双版纳众多少数民族世代栖居于热带雨林周边，生产生活、宗教信仰、祭祀礼仪、风俗习惯之中包含了丰富的热带雨林生态文化。傣族谚语之中蕴含着淳朴的生态观，如“万物土中长，森林育万物”“森林是父亲，大地是母亲”，体现了傣族人民对森林的重要认识，将森林作为祖先崇拜，产生了保护森林的意识，并将这一观念贯穿于生产生活之中。在传统社会中，热带雨林往往与当地民众的民间信仰密切相关。西双版纳诸多少数民族信奉“万物有灵”的观念，认为人、水、农田和粮食都来自森林，“有林才有水，有水才有田，有田才有粮，有粮才有人”，将森林、水源、田地、粮食和人联系在一起，形成傣族独有的生态观念。[②] 其中最为典型的，是能够一直保护热带雨林的最主要因素——“竜林”文化。

西双版纳有 30 余个大大小小的自然勐，600 多个傣族村寨，每个寨子都有“竜社曼”，即寨神林。“竜林”即寨神（氏族祖先）、勐神（部落祖先）居住的地方，里面的一切动植物、土地、水源都是神圣不可侵犯的，严禁砍伐、采集、狩猎、开垦，即使风吹落的枯枝落叶或枝头掉落的果子也不能捡。[③] “竜林”中的一草一木皆是神物，傣族经典

---

① 西双版纳傣族自治州地方志编纂委员会编《西双版纳傣族自治州志·中册》，北京：新华出版社，2001 年，第 329 页。

② 云南省民族学会傣学研究委员会编《傣族生态学学术研讨会论文集》，昆明：云南民族出版社，2013 年，第 494 页。

③ 西双版纳傣族自治州地方志编纂委员会编《西双版纳傣族自治州志·中册》，北京：新华出版社，2001 年，第 329 页；云南省民族学会傣学研究委员会编《傣族生态学学术研讨会论文集》，昆明：云南民族出版社，2013 年，第 495 页。

《土司警言》中提到“不能砍伐竜山的树木，不能在竜山建房。”[①] 当地民众认为既有“林神”，又有“树神”，每棵树上都住着神灵，尤其是年代久远的大树。因此，当地民众砍伐大树时也要带着腊条、点心等进行祭祀，以告知神灵砍树的目的，向神灵祈祷。村民在建村寨时都会选择一片热带雨林作为“竜林”，“竜林”是祖先崇拜的产物，也是傣族人民形成的一种淳朴的生态观。西双版纳其他少数民族村寨也都有“竜林”分布。布朗族村寨周边也有与“竜林”同样功能的“神山”“坟山”等分布。“竜林”一般是热带雨林，除了祭祀，一般不会有人进去。傣族的“竜林”文化反映了人林共生观念，很好地保护了热带雨林。在西双版纳地区，除了生活在平坝地区的傣族民众的“竜林”信仰使热带雨林得到长久保护之外，布朗族、基诺族等山地民族的村寨同样分布着大面积的“神山”“坟山”（功能与“竜林”相同）。“竜林”对于抵御大风、寒流以及防治病虫害都起到一定作用。

（二）基于生存所需建立的人林共生关系

清代时，西双版纳当地民众与热带雨林世代相生相息，少数民族民众的生产生活、风俗习惯、祭祀礼仪都与热带雨林息息相关。人与雨林之间已然形成一种共生共存的和谐关系。这一关系得以维持也源于少数民族民众合理利用、开发雨林资源，尤其是其生产生活方式是依据所处的特定环境衍生的。热带雨林生态系统的多样性、复杂性为少数民族民众提供了优良的生存环境。

清代，西双版纳地区民众的生计主要依赖于采集狩猎和刀耕火种。首先，采集狩猎虽然是原始社会的一种落后的生产生活方式，但这种生产生活方式是一种人合理利用自然、维持生计的原始社会形态下的方式。热带雨林为当地民众提供了丰富的食物、药物、建筑材料等资源，

---

① 云南大学贝叶文化研究中心：《贝叶文化论集》，昆明：云南大学出版社，2004年，第331页。

采集狩猎的生产生活方式是人类利用自然的初始阶段，通过向自然获取适度的资源满足基本生存需求。在这一生产生活方式中，热带雨林成为人类赖以生存的食物来源场所。采集狩猎的传统生计方式长期存在于西双版纳众多少数民族之中。采集任务一般由妇女承担，每逢春、秋两季植物生长旺盛，妇女结伴前往山林采集各种可食用的野菜、野薯、竹笋和菌类植物。历史上西双版纳的山地民族便是以游猎为主，主要分为个人狩猎和集体狩猎两种形式，狩猎工具有火枪、弓箭、长刀、弩等，狩猎方法有围猎、设计陷阱、设地弩、火攻、隐蔽待猎、追击等多种方式，对于虎、熊、野猪等大型动物，一般是设计陷阱，等待捕获；对山鸡、松鼠等小动物，则是采取诱捕的方式；对小鸟等则是用弓箭、火枪等狩猎工具。[①] 热带雨林之中，生物物种资源丰富，可采集的可食用野生植物种类多达数十种，如芭蕉花、野荞菜、蕨菜、野芹菜、菌类、竹笋等。狩猎一般不分时节，由于布朗族依托山林而生，长期积累的狩猎经验使民众摸索出动物的习性，并采用多种方式捕获野兽、鸟类、鱼类等。[②] 森林之中栖息着多种飞禽走兽，如虎、熊、豹、野猪、野牛、蟒蛇等，山谷地带的小河流中也有一些鱼类可捕食。基于丰富的动植物资源，热带雨林成为维系周边民众生存的重要生计来源。

其次，刀耕火种的传统农耕方式是西双版纳长期存在的一种原始社会生产方式，主要是通过砍烧森林获得耕地。刀耕火种在历史上曾分布于中国南方广大地区。新中国成立初期，与缅甸、老挝、越南相邻的云南西双版纳地区是中国刀耕火种生产方式留存最多的地区。西双版纳地区采用刀耕火种的民族主要有布朗族、基诺族、佤族以及包括种植旱稻的傣族在内的诸多少数民族，形成了一种依托于自然、取之于自然的生产生活方式。布朗族、基诺族、佤族等民族通常将村社四周的林地划成几大片或数十大片进行轮垦，以保证刀耕火种农业生产方式的持

---

① 陶玉明：《中国布朗族》，银川：宁夏人民出版社，2012 年，第 30 页。

② 颜思久：《布朗族农村公社和氏族公社研究》，北京：中国社会科学出版社，1986 年，第 56 页。

续正常运行。无论采集狩猎还是刀耕火种，都是人类适应当地生态环境形成的生计方式，是人与自然相互作用的结果。刀耕火种作为一种轮歇农业生产方式，与单一物种种植的农耕生态系统不同，是人类最直接地与热带雨林生态系统相互作用的结果。轮歇农业生态系统作为人工生态系统，在与热带山地环境相互作用的过程中，积累了丰富的利用当地植物资源的知识，通过保留、保护、除草和种植等日常管理活动，在轮歇地中保留了比自然森林更为丰富的可供食用、药用、编织、建筑用材等物种。[①]

以上两种生产生活方式在外界看来无疑是原始社会形态的产物，但这些方式是基于优越的自然环境才能得以维持。生物物种的丰富多样为当地民众提供了生存资源，保障了其生活所需。

清光绪三十四年（1908年）以后，景洪、勐海、勐遮年产八九万斤樟脑、六七万斤紫梗，被西方国家全部或部分套购而去。这些地区更是普洱茶的重要产区，自英国占领缅甸后，普洱茶贸易则被英国所垄断。普洱茶在勐海茶厂或茶庄加工后，用马驮经打洛到英国占领的景栋卖与英商，英商则改用汽车运至仰光，再海运至印度的加尔各答和噶伦堡，然后转运至我国西藏，极大地损害了边疆民族地区民众的经济利益以及边疆与内地之间的经济联系。[②] 自滇越铁路修通后，英法两国对西双版纳的热带资源更是虎视眈眈。

二　移民垦荒与物种更迭：民国时期西双版纳热带雨林遭到破坏

民国时期的物种引进在一定程度上有预防自然灾害的作用。1913年，西双版纳设普思沿边行政总局，1928年，普思沿边各区改县，并

① 尹绍亭、深尾叶子编《雨林啊！胶林》，昆明：云南教育出版社，2003年，第108页。

② 赵建忠：《近现代西双版纳傣族经济政治研究（1840～1949）》，博士学位论文，中央民族大学，2003年，第11页。

在政治、经济、文化、教育、军事等诸多方面加强对边地的控制，更多地汲取社会资源。民国时期，云南的林业得到空前发展，造林运动在全省如火如荼地开展。为防御水旱灾害、弥补用材所需、保护生态环境，西双版纳地区在大规模推广经济作物的同时，也大力试种、推广外来物种。随之而来的外来移民人口，使得当地生态资源进入了前所未有的开发、利用阶段。与此同时，热带雨林逐渐向人工林转变。

（一）移民垦荒：边疆民族地区农业经济发展需要

西双版纳气候温和、土地肥沃、自然资源丰富，但是地广人稀，“平均每方里得不够两个人口”①，荒地甚多，土地开发程度较低。晚清时期，西方列强开始觊觎我国边疆民族地区的热带资源。

民国时期，为进一步加强对边疆民族地区的控制，推进边疆民族地区的近代化建设，充分开发当地热带资源，国民政府通过“招垦”的方式大力发展农业，推动当地经济发展。如 1913 年，西双版纳设普思沿边行政总局，大力招徕商户，开垦土地；玉溪、普洱等地汉人迁入，大规模开垦土地，种植茶叶。② 1946 年，官方鼓励其他地区的无土地农民或贫民移垦。1949 年，5000 户农业人口移民到车里县勐宽坝，该地气候温暖、土质肥沃、水利畅通，距离车里县城仅两站，由佛海出国亦仅需一日，交通便捷，产品外销极其便利；稻作可一年二熟，竹木颇多，并分配耕地、林地、牧地给移民，其中林地选择一部分山林进行砍伐，改为种植经济林木，油桐 4000 亩、茶树 1000 亩、桑树和樟脑 1000 亩、果树 500 亩、蓖麻 500 亩。③ 由表 1、表 2、表 3 可知，1939 年，车里县种植作物以稻为主，其他农作物、经济作物所占比重较小。到了

---

① 李拂一：《车里》，北京：商务印书馆，1933 年，第 4 页。

② 《云南省民政厅边疆行政设计委员会拟制〈思普沿边开发方案〉（1944）》，载云南省档案馆编《民国时期西南边疆档案资料汇编·云南卷》（第十六卷），北京：社会科学文献出版社，2013 年，第 131 页。

③ 《车里县政府遍拟〈车里县移民计划书〉（1949.06.01）》，载云南省档案馆编《民国时期西南边疆档案资料汇编·云南卷》（第四卷），北京：社会科学文献出版社，2013 年，第 501 页。

1944年，经济作物的种类显然多于之前，尤其是木棉、咖啡、金鸡纳、橡胶等新物种的引种。在这一过程中，热带雨林遭到一定程度的破坏。

表1 1939年云南车里县普通作物种植情况

作物名称	种植亩数（亩）	产量种额（担）	每亩产量（市斤）
稻	80000	184000	230
玉蜀黍（苞谷）	400	—	—
高粱	170	1400	200
大豆（黄豆）	350	630	180
蚕豆	30	45	150
豌豆	40	60	150
马铃薯（洋芋）	5	9	180

资料来源：云南省建设厅：《各县局农作物产量及病虫害调查》，档案号：1-1-8，西双版纳州档案馆。

表2 1939年云南车里县经济作物种植情况

作物名称	种植亩数（亩）	产量种额（担）	每亩产量（市斤）
中棉	2500	1000	40
茶	4000	3200	80
烟草	3300	1000	30
甘蔗	264	3960	1500
落花生	200	120	60
蓝靛	300	300	100

资料来源：云南省建设厅：《各县局农作物产量及病虫害调查》，档案号：1-1-8，西双版纳州档案馆。

表3 1944年十二版纳部待垦荒地统计

所在县	所在地	荒地面积	荒地类型	宜种作物
车里	景洪坝、橄榄坝、勐宽坝	60万亩	田地	茶、桐、樟、棉、桄榔、椰子、咖啡、樱、柚、金鸡纳
佛海	勐海坝	26万亩	田地	稻、麦、茶、桐、樟、麻、棉、咖啡、金鸡纳
镇越	易武、勐仑、勐腊坝	10万亩	田地	茶、棉、樟、麻、咖啡

续表

所在县	所在地	荒地面积	荒地类型	宜种作物
南峤	南峤坝、顶真坝	210 万亩	田地	稻、麦、茶、桐、樟、棉、草麻、果品、紫梗、咖啡
六顺	六顺坝、芭蕉菁、兰坪	20 万亩	田地	棉、樟、茶、竹、桐、药用植物
思茅	思茅、普腾、者难坝、老君田	130 万亩	田地	稻、麦、茶、麻、棉、草麻、水果、珍贵木材
江城	江城县坝	10 万亩	田地	茶、棉、樟、麻、咖啡、三七、茴香

资料来源：云南省档案馆编《民国时期西南边疆档案资料汇编·云南卷》（第十六卷），北京：社会科学文献出版社，2013 年，第 131 页。

（二）物种更迭：边疆民族地区热带资源大规模开发

民国时期的移民垦荒使得西双版纳地区得到迅速开发，国民政府大规模推广种植经济作物，并建立了相应的农事试验场及合作社。车里、佛海、南峤、镇越四县均建立苗圃和林场，选育推广樟、茶、木棉、桐、桑等树种进行广泛种植，致使原本的热带雨林生态系统转变为单一的人工林生态系统。

1929 年，镇越县 5 个林场种植茶、樟、桑、杂木等经济林木 4.32 万余亩。1933 年，根据云南省建设厅的指示，佛海、勐混、勐板、景洛等地设 5 个农事试验场，试种樟、茶、桐、果等林木。1936 年 7 月，云南省政府指示云南省建设厅分令南峤、佛海诸县保护原有天然森林，并督导人民开荒山以造林。1937 年，镇越县于易武镇开设农事混合试验场，育植桐、樟、三七、杉、竹、合欢、尤加利等苗木。1938 年，云南省务会议决议筹设思普区茶叶试验场，“以谋普洱茶种植制造之改良”。[①] 1939 年元旦，云南省务会议决议设南峤第一分场，4 月设南糯山第二分厂。南峤县农场开办于景真，由省建设厅拨银 4000 元（半

---

① 西双版纳傣族自治州林业局编《西双版纳傣族自治州林业志》，昆明：云南民族出版社，2011 年，第 8 页。

开)，种植稻、麦及桃、梨等果木，又种植金鸡纳树，种子从河口引进。1940年，云南省建设厅令佛海、镇越、车里、六顺、南峤诸县调查及推广香樟林。同年，佛海县的农业生产合作社开垦荒山130亩，植桐树、茶。同年，佛海县永福农场开垦荒山2040亩，种植桐树、樟脑、茶叶、蓖麻。同年，镇越县垦荒2800余亩，种桐树约2000株、茶约3000株。1944年，云南省民政厅边疆行政设计委员会编纂《思普沿边开发方案》，统计辖境宜农林荒地共468万亩。[①] 1949年，车里县为种植桑树、樟脑、油桐、茶树等经济林木，将原有森林砍伐，部分用作建筑材料，其余改为栽种以上树种。[②] 此时期，在国民政府主导之下，西双版纳地区热带资源得到了大规模开发，并引入了诸多新物种进行推广和种植，逐渐改变了传统农业种植结构，使土地利用方式发生了转变，在促进当地社会经济发展的同时，也在一定程度上改造了当地的自然景观。

国民政府在西双版纳进行的经济作物大规模推广及种植，为橡胶的早期引种提供了前提。官方主导下的热带资源开发，推动了大规模开垦山地以推广种植经济效益高的本土经济作物，以及外来物种的广泛引种，既加重了当地土地资源承载力，又导致当地少数民族长期以来依托的自然生态遭到破坏。水稻、旱稻、玉米等传统作物逐渐被经济作物取代，耕地面积减少，粮食短缺，境内各县积谷从未足数。这也是1942年、1943年两年大旱，出现有史以来最严重饥荒现象的主要因素。此外，经济作物的大规模种植，致使热带雨林转变为人工经济林，传统作物被大量取代。经济作物的大规模种植在一定程度上增加了当地民众的经济收入，促进了当地经济发展，但加剧了对热带雨林的破坏，尤其是对其规模的严重影响。

民国时期，由于国民政府的政策导向，经济作物得到大规模推广和

---

① 西双版纳傣族自治州林业局编《西双版纳傣族自治州林业志》，昆明：云南民族出版社，2011年，第8页。

② 《车里县政府遍拟〈车里县移民计划书〉(1949.06.01)》，载云南省档案馆编《民国时期西南边疆档案资料汇编·云南卷》(第四卷)，北京：社会科学文献出版社，2013年，第525页。

引种，热带雨林资源被首次大规模开发利用。云南受到世界市场严重冲击，尤其是英法等西方资本主义国家侵占缅甸、越南等东南亚国家后，不断侵扰云南南部边疆，并发动战争强迫中国开放蒙自、思茅、腾冲为通商口岸。在世界市场的主导之下，国民政府极为重视边疆地区开发，并制定了专门的开发方案，如在西双版纳进行的大规模引种和推广经济作物。然而，经济作物的大规模种植，致使耕地面积减少，热带雨林也由此转变为人工林，传统作物被大量取代。部分新物种在引种过程中也因种植技术、管理人员缺乏而面临失败，如橡胶。经济作物种植的失败也在一定程度上消耗了林地资源。

三　保护与破坏并行：20 世纪 50 年代以来西双版纳热带雨林的剧烈变迁

1950 年以前，西双版纳的众多山地少数民族还处于“刀耕火种”时代，这种轮歇农业为热带雨林的自我修复提供了充足的周期。20 世纪六七十年代，由于国家政策以及边疆民族地区社会经济发展的需要，大量移民涌入西双版纳种植橡胶、建立国有农场。随着民营橡胶园的推广，橡胶种植面积逐渐扩大。橡胶原本属于热带雨林乔木树种，适宜种植在海拔 800 米以下的低地，[①] 但在经济利益的驱动下，橡胶向高海拔地区种植的趋势亦趋明显。当地不断开垦热带雨林种植橡胶，热带雨林覆盖面积逐渐萎缩。橡胶种植虽是导致热带雨林剧烈变迁的重要因素，但并非唯一因素。热带雨林的变迁同样受到人为过度开发、人口急剧增长等诸多因素综合作用的影响。

（一）20 世纪 50～70 年代西双版纳热带雨林的剧烈变迁

橡胶的大规模、单一化种植是导致热带雨林剧烈变迁的重要原因

① 尹绍亭：《西双版纳橡胶种植与生态环境和社会文化变迁》，《人类学高级论坛秘书处会议论文集》，2004 年。

之一。西双版纳引种橡胶之前的大部分区域是原生或再生森林，物种资源极为丰富。橡胶的种植及橡胶园的建立必须要砍伐森林，而森林的大面积砍伐将导致地方气候恶化、地力衰退。热带雨林被砍伐之后被单一的人工橡胶林所代替，将加剧土壤冲刷、引起严重的水土流失。[①] 复杂的生态系统被单一生态系统取代之后，抵御自然灾害的能力也会随之削弱，致使自然灾害频发。

橡胶在西双版纳的大规模种植对热带雨林造成了一定程度的破坏。20世纪60年代，在国有农场或合作社种植橡胶、粮食、经济作物、经济林木等的过程中，存在着严重的浪费现象。[②] 橡胶的规模化开垦种植在一定程度上导致热带雨林面积减少。20世纪50～70年代，为开垦种植橡胶，西双版纳进行了第一次大规模政策性移民，当地人口急速增长，同时也带来了生活问题和燃料问题。地方民众受到国有农场、部队、机关大面积毁林垦殖的影响，也争相砍林开荒占地，对当地森林造成了严重的破坏。据思茅和西双版纳的不完全统计，1970年至1979年春，低海拔的沟谷热带雨林和丘陵地区的热带季雨林受到毁灭性的破坏，具有热带地区代表性的森林植被被砍伐殆尽，几乎完全丧失了涵养水土的表层土。最终，森林生态环境受到严重干扰和破坏。[③]

20世纪50年代以前，西双版纳的天然森林覆盖率在70%～80%，有着优越的气候环境和丰富的生物资源。然而从20世纪50年代末开始，当地为了垦殖以天然橡胶树为主的经济作物，砍伐了大量的热带雨林。截至1984年，西双版纳的天然森林覆盖率已下降到34%，毁林面积达到600多万亩。[④] 橡胶种植致使西双版纳热带雨林的功能被破坏以

---

① 云南省亚热带作物科学研究所：《橡胶生产的合理垦种问题》，1966年5月31日，档案号：98－1－60，西双版纳州档案馆。

② 边疆规划工作组林业小组：《边七县规划工作会议参考材料之四：关于西双版纳地区现有森林资源利用的调查》，1966年5月22日，档案号：98－1－60，西双版纳州档案馆。

③ 《中国科学院第二次植物园工作会议代表对在西双版纳毁林种橡胶问题的意见》，1979年4月17日，档案号：67－1－4，西双版纳州档案馆。

④ 云南省地方志编纂委员会总纂、云南省农垦总局编撰《云南省志·农垦志》（卷三十九），昆明：云南人民出版社，1998年，第792页。

及生物多样性减少。最早在国内开展热带雨林研究的生物学专家许再富教授多年的研究显示，橡胶种植区的气候正在从湿热向干热转变，橡胶林的水流失量是同面积天然热带雨林的3倍，土流失量则是同面积天然热带雨林的53倍。[①] 热带雨林随海拔高度的下降，生物量和土壤养分含量均呈上升趋势，中海拔热带雨林物种最为丰富，群落层次结构丰富；热带雨林被开发为橡胶林之后，群落层次结构简单化，物种多样性明显下降，地上生物量下降，土壤养分状况恶化；次生林介于二者之间。[②] 热带雨林群落结构复杂多样，一旦被破坏便很难恢复，而且会严重影响区域气候变化，并造成土壤水分流失加剧及肥力降低。

此外，在人口增加和经济利益驱动之下，20世纪50年代，勐腊县耕地面积只有13万亩，至1985年已增加到29万亩，增加了一倍以上；20世纪50代初期，该县林地面积共600万亩，森林覆盖率达60%以上，至1985年减少到380万亩，森林覆盖率随之下降到37%。[③] 1958～1962年，西双版纳地区的山地火灾共烧毁林地237万亩，森林覆盖率从20世纪50年代初的42.3%下降到36%。[④] 1981年以前，西双版纳的生产生活用材消耗量极大。据1965年的不完全统计，全州全年烧柴量达4万立方米，相当于砍伐森林1万亩，是当年造林面积的1.5倍。[⑤] 1988年，勐龙、基诺、曼洪等地的毁林开荒现象极为严重，一年中共发生毁林开荒事件282起，毁林面积4548亩。[⑥]

---

① 周宗、胡绍云、谭应中：《西双版纳大面积橡胶种植与生态环境影响》，《云南环境科学》2006年第S1期。

② 鲍雅静、李政海、马云花、董玉瑛：《橡胶种植对纳板河流域热带雨林生态系统的影响》，《生态环境》2008年第2期。

③ 勐腊县气象站编纂《勐腊县气象志》，内部资料，1996年，第34页。

④ 西双版纳傣族自治州地方志编纂委员会编《西双版纳傣族自治州志·中册》，北京：新华出版社，2001年，第284页。

⑤ 西双版纳傣族自治州地方志编纂委员会编《西双版纳傣族自治州志·中册》，北京：新华出版社，2001年，第297页。

⑥ 西双版纳州林业局：《景洪县林业局一九八八年上半年工作总结》，1988年7月25日，档案号：57－4－14，西双版纳傣族自治州图书馆。

（二）20世纪80年代以来西双版纳热带雨林的保护与修复

热带雨林是世界上最重要、最复杂的生态系统之一。海拔400米左右范围内的植物种类有80～150种，全球1/2的生物量都存在于热带雨林之中。热带雨林的脆弱性导致其被破坏后的恢复比其他生态系统更为困难。西双版纳保存着我国最完整的热带雨林，但目前破坏情况也比较严重。在新的时代背景下，西双版纳承担着整个国家生态屏障以及生物多样性保护的责任，“一带一路”倡议把边陲之地的西双版纳提升到了国际门户的战略高度。[①]

西双版纳热带雨林的保护与修复同破坏并行。20世纪80年代以前，由于破坏热带雨林带来的生态问题日益突出，地方政府开始关注并制定相应的森林保护规章制度，但效果并不明显。20世纪80年代以来，各级党委和政府加强了对林业工作的领导，认真贯彻执行《中华人民共和国森林法》有关林业的相关规定，建立健全各级护林造林机构，确定全州“在保护好现有森林资源的前提下，合理开发利用，大力发展绿化造林”的林业方针，在山区实行“以林为主，林农牧结合，全面发展，多种经营”的生产方针，调减山区公余粮任务，扶持山区农民种植经济林木。1982～1983年，西双版纳全州开展林业“三定”和“两山一地”到户工作，落实山地管理责任制，毁林种粮面积逐年减少。1958～1982年，年均毁林种粮面积7.65万亩；1983～1993年，年均毁林种粮面积下降到0.76万亩。至1993年底，全州森林覆盖率上升到59.26%，加上灌木林，全州森林覆盖率达到63.68%。[②] 通过人工造林、封山育林、荒山造林等一系列造林工作，西双版纳的林地面积有所增加。

---

① 《回归雨林　在地设计——西双版纳景洪三达山热带雨林修复计划》，http://weixin.china-up.com/weixin/2018/05/14/，最后访问日期：2018年5月14日。

② 西双版纳傣族自治州地方志编纂委员会编《西双版纳傣族自治州志·中册》，北京：新华出版社，2001年，第283页。

进入21世纪以来，随着现代化、全球化进程加快，传统的自然景观随着人口增长、经济发展、交通运输条件改善而逐渐转变，尤其橡胶种植面积大规模扩张带来的转变尤其明显。原本的水源林、风景林都变为橡胶林，复杂多样的雨林生态系统被群落简单的人工林生态系统所代替，由此产生的水土流失、区域小气候变化、生物多样性锐减等生态问题日益突出。针对这一现象，西双版纳相关林业机构、自然保护区以及热带雨林基金会等相关部门及社会组织采取了一系列措施对热带雨林进行保护与修复。热带雨林一旦被破坏，其生态系统将难以重建。即使林地面积有所增加，热带雨林生态系统也无法在短时间内恢复。

自然修复与人文修复相结合是重建热带雨林生态文化的重要内容，既要利用西双版纳优越的自然资源禀赋，又要结合传承上千年的生态文化，充分利用本土生态智慧。通过恢复与重建传统聚落景观，挖掘、保护、传承少数民族的本土生态智慧，重塑雨林生态文化，这对于修复热带雨林生态系统、保护当地生态环境具有重要作用。一是利用当地的自然圣境及民间信仰重塑“雨林生态文化”的相关风俗、仪式，在增强民族文化自信的同时，启发当地民众的文化自觉，促进其传承与发扬传统生态文化。二是利用当地独具特色的景观资源以及众多少数民族传统生态文化，发展以田野风光、民族特色村寨、原始雨林、珍奇动物等为特色的生态观光模式，在保护当地生态环境的基础上，保障当地民众收入来源。三是加快建立少数民族生态博物馆、传习馆，通过展示传统生态文化展品保护和传承传统民族文化。纳板河流域国家级自然保护区内已经建立了傣族文化传习馆，勐海县章朗村也建立了布朗族生态博物馆，但是效果却不甚明显，可以说是“有其形，无其实”，民众的参与度并不高。因此，在今后的生态博物馆建设中应当进行重点示范，再加以推广，将生态博物馆建设与生态观光结合起来，让当地民众真正意识到本民族生态文化的价值，再对外来游客进行宣传，从而加强本民族的文化自豪感。

四 结语

清及清以前，在传统生计方式、生态文化观念、国家和地方政策的影响之下，热带雨林并未遭到严重破坏。茂密的热带雨林反而在一定程度上阻碍了当地民众与内地之间的交往，是以西双版纳成为著名的“瘴疠之乡”。唐宋开始，普洱茶便开始运销内地，明清时期的汉族商人到西双版纳进行茶叶贸易，中央和地方政府也鼓励内地商人到此经商，然而，“瘴气”成为一道阻碍商贸往来的障碍。民国时期，热带雨林覆盖面积与之前相较并无准确的数据统计，但根据此一时期关于西双版纳地区的开垦耕地、移民实边、经济作物引种等开发政策，可以推断当地首次出现环境困局，热带雨林资源遭到破坏，传统的生态屏障被打破。20世纪50年代以来，因国家政策导向、市场风向转变、经济利益驱动、外来文化的冲击，橡胶的盲目、无序种植成为危害热带雨林生态系统的最主要因素，继而引发的自然灾害、雾日减少、生物物种多样性减少、社会文化变迁等一系列后果在这一时期尤为突出。清以降，受人类活动和自然环境的影响，雨林与人、雨林与自然、人与自然之间存在一定的矛盾，需要当代人进一步反思历史，重新审视雨林的历史动态，探讨历史时期雨林变迁以及人与自然的相处模式。正如岩佐茂等人所提到的：“只从人的‘利益’对待自然，会造成人与自然关系的双重贫困，在人与自然的关系上，不能只考虑自然眼下是否对人类有‘利益’，更要重视人与自然之间多面的、丰富的关系，这种关系的核心就是人与自然的共生。”[①] 无疑，热带雨林生态文化的继承和发扬是热带雨林仍旧得以部分保持的重要基础。然而，当前西双版纳面临部分村寨

---

① 岩佐茂、冯雷：《环境思想的先驱——蕾切尔·卡逊》，《马克思主义与现实》2005年第2期。

“空巢化”、外地人口增加、价值观转变等危机，西双版纳热带雨林文化也因此受到冲击和挑战。未来，西双版纳应当依托于国家和地方法律、法规、政策，遵循本土传统生态文化，探索适合当地社会与生态的经济发展模式，更好地保护现有热带雨林资源，保护与传承热带雨林生态文化，推动生态文明建设进程，实现人与自然和谐共生。

《环境社会学》征稿启事

《环境社会学》是由河海大学环境与社会研究中心、河海大学社会科学院与中国社会学会环境社会学专业委员会主办的学术集刊。本集刊致力于为环境社会学界搭建探索真知、交流共进的学术平台，推进中国环境社会学话语体系、理论体系建设。本集刊注重刊发立足中国经验、具有理论自觉的环境社会学研究成果，同时欢迎社会科学领域一切面向环境与社会议题，富有学术创新、方法应用适当的学术文章。

本集刊每年出版两期，春季和秋季各出一期。每期容量为 25 万 ~ 30 万字，设有“环境社会学理论与方法”“水与社会”“环境治理”“生态文明建设”“学术访谈”等栏目。本集刊坚持赐稿的唯一性，不刊登国内外已公开发表的文章。

请在投稿前仔细阅读文章格式要求。

1. 投稿请提供 Word 格式的电子文本。每篇学术论文篇幅一般为 1 万 ~1.5 万字，最长不超过 2 万字。

2. 稿件应当包括以下信息：文章标题、作者姓名、作者单位、作者职称、摘要（300 字左右）、3 ~5 个关键词、正文、参考文献、英文标题、英文摘要、英文关键词等。获得基金资助的文章，请在标题处添加脚注依次注明基金项目来源、名称及项目编号。

3. 文稿凡引用他人资料或观点，务必明确出处。文献引证方式采用注释体例，注释放置于当页下（脚注）。注释序号用①、②……标识，每页单独排序。正文中的注释序号统一置于包含引文的句子、词组或段落标点符号之后。注释的标注格式，示例如下：

（1）著作

费孝通：《乡土中国 生育制度》，北京：北京大学出版社，1998 年，第 27 页。

饭岛伸子：《环境社会学》，包智明译，北京：社会科学文献出版社，1999 年，第 4 页。

（2）析出文献

王小章：《现代性与环境衰退》，载洪大用编《中国环境社会学：一门建构中的学科》，北京：社会科学文献出版社，2007 年，第 70 ~ 93 页。

（3）著作、文集的序言、引论、前言、后记

伊懋可：《大象的退却：一部中国环境史》，梅雪芹等译，南京：江苏人民出版社，2014 年，“序言”，第 1 页。

（4）期刊

尹绍亭：《云南的刀耕火种——民族地理学的考察》，《思想战线》1990 年第 2 期。

（5）报纸文章

黄磊、吴传清：《深化长江经济带生态环境治理》，《中国社会科学报》2021 年 3 月 3 日，第 3 版。

（6）学位论文、会议论文等

孙静：《群体性事件的情感社会学分析——以什邡钼铜项目事件为例》，博士学位论文，华东理工大学社会学系，2013 年，第 67 页。

张继泽：《在发展中低碳》，《转型期的中国未来——中国未来研究会 2011 年学术年会论文集》，北京，2011 年 6 月，第 13 ~ 19 页。

（7）外文著作

Allan Schnaiberg, *The Environment*: *From Surplus to Scarcity*, New York: Oxford University Press, 1980, pp. 19 – 28.

（8）外文期刊

Maria C. Lemos and Arun Agrawal, "Environmental Governance," *Annual Review of Environment and Resources*, Vol. 31, No. 1, 2006, pp. 297 - 325.

4. 图表格式应尽可能采用三线表，必要时可加辅助线。

5. 来稿正文层次最多为 3 级，标题序号依次采用一、（一）、1。

6. 本集刊实行匿名审稿制度，来稿均由编辑部安排专家审阅。对未录用的稿件，本集刊将于 2 个月内告知作者。

7. 本集刊不收取任何费用。本集刊加入数字化期刊网络系统，已许可中国知网等数据库以数字化方式收录和传播本集刊全文。如有不加入数字化期刊网络系统者，请作者来稿时注明，未注明者视为默许。

8. 投稿办法：请将稿件发送至编辑部投稿邮箱 hjshxjk@163.com。

《环境社会学》编辑部

2021 年 10 月

ENVIRONMENTAL SOCIOLOGY RESEARCH
Vol. 2 (2022)

Table of Content & Abstract

Theoretical Research

Recategorizing Three Dimensions of Environmental Sociological Studies and Perspectives: Toward Reinterpretation of Environmental Justice
Ryoichi Terada (*write*) *Cheng Pengli* (*translate*) / 1

Abstract: Riley Dunlap, the founder of the discipline in the U. S., proposed a paradigm shift in sociology from "human exemptional paradigm" to "new ecological paradigm" in the late 1970s prospecting the advent of environmental sociology. Nobuko Iijima, the founder in Japan, defined it as "a field of sociology that studies the relationship between human society and the physical, biological, and chemical environment" in the early 1990s. These early definitions of environmental sociology have been widely accepted as seriousness of environmental issues became obvious everywhere. Environmental sociology has become one of the "normal sciences" among hyphenated sociologies, including varieties of sub-issues such as climate change, energy transition, nature conservation, pollution, food and agriculture, and so on, as well as numbers of methods and analytical concepts. The classical definition of environmental sociology, "relationship between human society and bio-physical environment", sometimes does not suffice because of the deepening interpenetration of them recently. I would like to present a draft of diagram that categorizes the relationship of three major research field of environmental sociology: (1) the life and livelihood social systems; (2) the geophysical and geochemical environment; (3) the biological natural environment, and, in addition to these three systems, the technological and industrial social systems that have been derived from life/livelihood systems after industrialization and giving impact on above three systems. Comparing the impact on the geophysical/geochemical systems and that on the bio/ecological systems, I will attempt to illustrate the significance of environmental justice.

Keywords: Environmental Sociology; Environmental Justice; the Technological and Industrial Social Systems; the Life and Livelihood Social Systems; LGBT Model

The "Chinese Era" of Environmental Sociology

Chen Zhanjiang Zhao Xianggang / 18

Abstract: Starting from the introduction of western theories and research on local environmental problems, Chinese environmental sociology has emerged as a branch of Chinese sociology with unique values and research interests after 40 years of development. Under the background of the in-depth development of China's socialist modernization, the continuous promotion of ecological civilization construction, the awakening of public environmental awareness, and the strengthening of theoretical self-consciousness of China's academic community will further develop academic character and disciplinary characteristics of Chinese environmental sociology. Chinese environmental sociology will usher in a "Chinese era" which is rooted in its own civilization tradition and social practice and gains more academic influence at the global level.

Keywords: Environmental Sociology; "Chinese Era"; Theoretical Self-consciousness; Disciplinary Development

Classical Theory Review

Theoretical Bases and Concepts of the Tragedy of the Commons

Wang Jing / 34

Abstract: The tragedy of the commons theory explains environmental tragedies against the background of the American capitalist economic system. It states that as the modern American society lacks the tradition of managing the commons, the commons will eventually turn into environmental tragedies when the property rights are unclear and the relationship between population and resources is not coordinated. The theory of the tragedy of the commons is developed based on the Malthusian theory of population, Darwin's theory of natural selection, and Lloyd's model of the commons. It reveals a historical issue of America. That is the problem of the commons, with property rights of which are inseparable, can hardly be solved given the intense relationship between population growth and resources of unregulated commons, the western system of property rights, and the characteristics of the American government in the context of America in the 20th century. To conclude, Hardin's theory of the tragedy of the commons makes an initial effort to examine the problems of the commons in a systematic way and has a profound influence on further studies in many fields. However, his theory is also debatable as it takes the system of private property rights as an important prerequisite of capitalism.

Keywords: Hardin; "thc Tragedy of the Commons"; Problem of Population Growth

"Silent Spring": Theoretical Concept, Ideological Origin and Social Influence

Tang Guojian / 49

Abstract: As a concept, "Silent Spring" reflects the phenomenon that a vivid supposed-to-be-vibrant spring turned into a dead silence because of unrestrained use of toxic chemicals such as insecticides. With the rapid development of American economy in the 20th century, the criticism of traditional anthropocentrism and the increasingly severe ecological crisis let people rethink the relationship between human and nature. As one of the most inspiring representatives of eco-centrism, "Silent Spring" not only changed the reality of chemical abuse and led environmental movements across the world, but also contributed to ecological reflection boom in the academy.

Keywords: "Silent Spring"; DDT; Environmental Protection

Theory of Treadmill of Production: Its Origin, Concept and Development

Geng Yanhu / 71

Abstract: The theory of the treadmill of production is a classical theory in the field of environmental sociology in the United States and even across the world. However, there lacks a systematic introduction of this theory in the Chinese academy. This paper attempts to make a thorough examination of the theory of the treadmill of production in an effort to enhance scholars' understanding of this theory in the Chinese academy. This paper contains three parts. The first part introduced the social background of the theory of the treadmill of production and its academic origin as well as the academic experience of its founder. It aims to delineate both macro-and micro-backgrounds against which the theory has developed at the social, the academic, and the individual level. The second part examined the content and core theses of this theory and analyzed the relationship between the capitalist economic system and its related environmental problems from both the two dimensions of "inside—outside" of factory production. The third part discussed several theories associated with the theory of the treadmill of production as well as their development. In addition to "applying" the theory of the treadmill of production, scholars in domestic academy needs to make innovations and go over and beyond this classical theory by making dialogues with classical theories based on the Chinese experiences and practice.

Keywords: Theory of Treadmill of Production; Environmental Sociology; Political Economy

To "Heaven-Man Unity": Fei Xiaotong's Thesis of Environmental Sociology and Its Formation

Zheng Jin / 92

Abstract: Up to date, Fei Xiaotong has been integrated as an academic symbol with the labels of "rural China", "*cha xu ge ju*", "cultural consciousness", and so on. However, there is a paucity of studies on his thought in environmental sociology, and few scholars have treated him as an environmental sociologist. Based on an examination of the environmental themes in Fei Xiaotong's writing in different periods, this study identified four threads of his environmental sociology thought. These include taking the environmental as a useful geographical environment under the influence of functionalism; a condition for development driven by the call for the prosperity in the people; an issue to be addressed during the course of industry development in rural China; and "heaven-man unity" from the perspective of culture. In light of his personal life as a sociologist, the last gentleman, and a Confucian, this study also examined possible origins of his environmental thought. . Although Fei Xiaotong is not an environmental sociologist in a strict sense, it is of great significance to probe his environmental thought from the perspective that highlights environmental subjectivity.

Keywords: Fei Xiaotong; Environmental Sociology; Heaven-Man Unity

Environmental Governance

Triple Embeddedness of Institution, Culture and Cognition: the Path for Green Development of Private Enterprises: Based on the Analysis of the Practical Experience of the S Coating Company

Wang Fang Dang Yimeng / 108

Abstract: Taking the embeddedness of "virtual connection" as the analytical framework, and based on afield investigation of the green development practice of the S Coatings Company, this paper found that the formulation of green development policies and the implementation of green behaviors resulted from a joint influence of institutional, cultural and cognitive embeddedness. Institutional embeddedness provides essential environment that guarantees the green development of private enterprises; cultural embeddedness provides identity support; and cognitive embeddedness provides value orientation for the green development of private enterprises. By means of self-restraint of private enterprises under external environmental regulations, the establishmentof unique green cultures, and the leadership of entrepreneurs with the spirit of environmentalism, private enterprises can strengthen institutional, cultural, and cognitive embeddedness into the practice of their green development. The combined embeddedness of the triple factors provides a key path for private enterprises to achieve "win-win" between economic, environmental and social benefits.

Keywords: Embeddedness of "Virtual Connection"; Institutional Embeddedness; Cultural Embeddedness; Cognitive Embeddedness; Private Enterprises

A Preliminary Study on the Construction Model of Ecological Democracy in Xichou County of Yunnan Province

Zhou Qiong / 128

Abstract: The model of ecological civilization construction affects and determines the construction results. The discussion of typical cases is beneficial to rational thinking about the construction process. In the governance of rocky desertification, a famous "Xichou Model" has been explored in the construction of ecological civilization in Xichou county of Yunnan province. Through village practice and the government's support, the villagers of each township voluntarily adopted the grass-roots rocky desertification control method of digging rocks into fields and removing mountains to build roads, which has developed into a new regional ecological governance model of public action and official support. The new path of ecological civilization construction in which "bottom-up" people participate and promote the process of ecological governance has produced good ecological and social effects. The barren rocky desert area has become a sterile area with green trees and abundant crops, and has become a regional practice model of China's ecological civilization and democratic construction.

Keywords: "Xichou Model"; Ecological Civilization; Rocky Desertification Governance

Rural Culture, Rural Development and Governmental Identity: A Structural and Cultural Analysis Based on Environmental Governance

Zhang Jinjun / 150

Abstract: Based on the cases of three villages, this paper examines the relationship between rural culture, rural development and environmental governance. Research found that it is of great value of rural culture in the rural environmental governance, but the modern rural environmental governance is always closely linked with the governmental leadership and rural development. When the local governments take the lead in environmental governance, they respect and make use of rural culture and coordinate the relationship between environmental governance and rural development. Farmers 'sense of identity with local governments is deepening, and the phenomenon of farmers' government identity appears. This type of government-led environmental governance will be the basic trend of rural environmental governance in the future. At the same time, we also need to respond positively in academic research to realize the mutual integration of structural and cultural analysis.

Keywords: Environmental Governance; Rural Culture; Rural Development; Governmental Identity; Structural and Cultural Analysis

Social Trust and Rural Residents' Environmental Participation Behavior—Also on the Mediating Effect of Community Belonging

Gong Wenjuan Yang Kang / 169

Abstract: The governance of rural ecological environment and human settlement environment, as a key step to realize rural revitalization, is highly dependent on the improvement of rural residents' environmental participation behavior. In order to explore the environmental participation behavior and its formation mechanism in rural residents' daily practice, this paper tries to propose an interpretation framework of "social trust-community belonging-environmental participation behavior", and uses the survey data carried out in ChangTing County, Fujian Province to conduct an empirical test. The findings are as follows: firstly, rural residents are more likely to participate in environmental behaviors that directly related to their vital interests in their daily life; Secondly, the higher the level of rural residents' trust in able persons and institutions, the more active of their environmental participation behaviors; Thirdly, community belonging plays a partially positive mediating role in the relationship between rural residents' social trust and environmental participation. This paper holds that the cultivation of community belonging and the shaping of social space and spiritual space of environmental participation are of great significance to stimulate the enthusiasm of rural residents to participate in rural eco-environmental governance.

Keywords: Rural Residents; Social Trust; Environment Participation Behaviors; Community Belonging

Environmental History Research

Slump and Silt Changes and Responses of Agricultural Production Activities in Fengxian Coastal Zone Since Tang and Song Dynasties

Wu Junfan / 191

Abstract: This paper takes water conservancy construction and the economic activities of agricultural and salt industry as the center, and makes a diachronic restoration and analysis of the changes of slump and silt and the response mechanism of human activities in Fengxian coastal zone since the Tang and Song Dynasties. There are interlocking effects among a series of natural and socio-economic factors such as climate change, the rise and fall of sea level, tidal flat collapse, river congestion, and the rise and decline of agriculture and salt industry. During the Tang and Song Dynasties, the climate was warm and the sea level was rising, which was also the period when the tide invaded the coastal zone of Fengxian seriously and the coast collapsed. People built solid seawalls and dams to block the intrusion of salt tides, which promoted the improvement of the freshwater circulation system and agricultural development inside the seawalls; but outside the seawalls, due to the lack of sufficient fresh water and stable tidal flats, it was difficult to carry out agriculture, and the land was mainly used in salt fields. During the Ming and Qing Dynasties, the climate turned colder, and the coastal zone of Fengxian entered a period of siltation. The tidal flat agriculture gradually gained the upper hand, while the salt industry accelerated its decline. Secondly, the agricultural planting structure in the silted tidal flat zone was mainly based on the cultivation of drought-tolerant and alkali-tolerant crops such as cotton, miscellaneous grains, and potatoes in the early days. while the rice cultivation area was only formed when the water and soil improvement reached a certain level.

Keywords: Fengxian; Coastal Zone; Tidal Flat; Seawall; Agriculture

Anthropogenic Exploitation and Environmental Dilemma: An Analysis of the Reasons for the Change of the Tropical Rainforest in Xishuangbanna since the Qing Dynasty

Du Xiangyu / 210

Abstract: Since the Qing Dynasty, the changes of the tropical rainforest in Xishuangbanna are closely related to national policies, regional culture, production and lifestyle, population changes, and species changes. Before and during the Qing Dynasty, the Xishuangbanna tropical rainforest was managed and continuously protected in an orderly manner by relying on the belief of "dragon forest" and the livelihood methods of "slash-and-burn farming" and "hunter-gatherer". From the end of the Qing Dynasty to the Republic of China, a large-scale of cash crops was introduced and promoted, most of the native species of woodland were replaced by new species, and the increase of immigrants and the disorder of society aggravated the consumption of tropical rainforest resources. Since the 1950s, the destruction and protection of the Xishuangbanna rainforest have gone in parallel. From the 1950s to the 1980s, excessive deforestation and large-scale rubber planting caused serious imbalances in tropical rainforest ecosystems; since the 1980s, a series of ecological protection and restoration work has been carried out. Over the past hundred years, the changes in the tropical rainforest of Xishuangbanna have been affected by modernization and globalization, resulting in rapid changes in the local ecological environment, and it is urgent to reshape the ecological culture of tropical rainforests and realize the harmonious coexistence between man and nature.

Keywords: Environmental History; Tropical Rainforest; Ecological Change; Anthropogenic Exploitation; Xishuangbanna

Call for Papers / 228

图书在版编目(CIP)数据

环境社会学. 2022 年. 秋季号 : 总第 2 辑 / 陈阿江主编. -- 北京 : 社会科学文献出版社, 2022.9
ISBN 978-7-5228-0510-8

Ⅰ. ①环… Ⅱ. ①陈… Ⅲ. ①环境社会学-中国-文集 Ⅳ. ①X2-53

中国版本图书馆 CIP 数据核字（2022）第 137658 号

环境社会学 2022 年秋季号（总第 2 辑）

主 编 / 陈阿江

出 版 人 / 王利民
责任编辑 / 胡庆英
文稿编辑 / 刘 扬
责任印制 / 王京美

出 版 / 社会科学文献出版社 · 群学出版分社（010）59366453
地址：北京市北三环中路甲 29 号院华龙大厦 邮编：100029
网址：www.ssap.com.cn
发 行 / 社会科学文献出版社（010）59367028
印 装 / 三河市龙林印务有限公司

规 格 / 开 本：787mm × 1092mm 1/16
印 张：15.25 字 数：221 千字
版 次 / 2022 年 9 月第 1 版 2022 年 9 月第 1 次印刷
书 号 / ISBN 978-7-5228-0510-8
定 价 / 89.00 元

读者服务电话：4008918866